Nditange Shigwedha

Cinética de la degradación fotocatalítica

Nditange Shigwedha

Cinética de la degradación fotocatalítica

De las aguas residuales textiles

Editorial Académica Española

Imprint
Any brand names and product names mentioned in this book are subject to trademark, brand or patent protection and are trademarks or registered trademarks of their respective holders. The use of brand names, product names, common names, trade names, product descriptions etc. even without a particular marking in this work is in no way to be construed to mean that such names may be regarded as unrestricted in respect of trademark and brand protection legislation and could thus be used by anyone.

Cover image: www.ingimage.com

This book is a translation from the original published under ISBN 978-620-2-31756-6.

Publisher:
Editorial Académica Española
is a trademark of
Dodo Books Indian Ocean Ltd., member of the OmniScriptum S.R.L Publishing group
str. A.Russo 15, of. 61, Chisinau-2068, Republic of Moldova Europe
Printed at: see last page
ISBN: 978-620-0-37002-0

CINÉTICA DE INGENIERÍA SOBRE LA DEGRADACIÓN FOTOCATALÍTICA DE LAS AGUAS RESIDUALES TEXTILES

Nditange Shigwedha

Tabla de contenido

UNBLOQUEO

El sistema de fotodegradación UV-H2O2FS-TiO2 del efluente que contiene colorante se desarrolló mediante el uso de TiO2 y H2O2 inmovilizado desde el inicio (H2O2FS). Durante el proceso de fotocatálisis en este sistema, diversos colorantes textiles y otros compuestos orgánicos recalcitrantes se decoloran y mineralizan en un corto tiempo de reacción, respectivamente. El sistema permite la decoloración total y la mineralización completa del amarillo ácido 36 en un tiempo de reacción de 75 minutos. Hace que la decoloración sea más rápida a un ritmo constante. El proceso UV-H2O2FS-TiO2 también muestra una tasa de eliminación de COT muy considerable del 90% junto con una reducción de la DQO del 90%, un resultado impresionante que representa un nuevo método alternativo para el tratamiento de una gran cantidad de aguas residuales textiles. Forma y descompone el extra-H2O2 en paralelo con la fotodegradación de los efluentes que contienen colorante. Además, este sistema no permite ni el ajuste del pH ni el efecto de la temperatura sobre el rendimiento en el rango en que se probaron estos parámetros. La inmovilización del TiO2 en la fina película hace que las mediciones sean simples, y la cantidad de toxinas convertidas en inofensivas.

La cinética fue más crítica en esta tesis. La CPT, el tiempo de exposición a los rayos ultravioleta necesario para causar el 90% de las oscilaciones entre los enlaces dobles y simples a lo largo de la cadena molecular de los tintes que se van a oxidar, se tomó y se utilizó como medida de las actividades fotocatalíticas. Se llama Tiempo Fotónico Crítico o CPT. Esta medida cinética, CPT, fue impulsada por la consideración de la cinética de los pares electrón-agujero. Como resultado, los CPT cuantificaron con precisión la susceptibilidad del croma a la degradación fotocatalítica en presencia de H2O2FS como resultado de la utilización de un rango mucho más amplio de frecuencias UV (rango: 150-400 nm). Además, las TPC predicen las observaciones, resueltas en el tiempo, de un proceso fotocatalítico primario que se produce durante la decoloración general de los distintos tintes; predicen la resistividad de los tintes textiles; permiten evaluar la eficiencia de los fotones (PEhv) y la deficiencia de fotones (PDhv) en la combinación de tintes y lámparas UV; y también predicen el orden de la degradación fotocatalítica de los tintes en las mezclas de diversas concentraciones. Se llegó a la conclusión de que el orden de la degradación fotocatalítica se debía tanto a la especificidad como a la selectividad de los radicales HO-, independientemente de las concentraciones de colorante y de alcohol polivinílico (PVA) en las aguas residuales reales. En las aguas residuales sintéticas reales, la influencia de estas especies altamente reactivas lleva al siguiente orden de degradación: Naranja ácida 52 < Amarillo ácido 36 < Rojo ácido 17 < Azul ácido 45 < PVA. Por último, el carbono orgánico total (COT) como medida cinética se utilizó para investigar los efectos combinados de los parámetros fotocatalíticos, a saber, la difusión de la película resistencia, el tiempo de retención del reactivo así como la eficiencia de conversión en un fotocatalizador inmovilizado. Sobre la base de las dos tasas de flujo volumétrico de control de 0,6 y 1,2 L/min, las eficiencias de conversión calculadas en el tiempo de retención de 420 min fueron del 71 y el 83%, respectivamente. También se llegó a la conclusión de que la función de supervivencia del TOC durante todo el tiempo de retención concuerda con la función de supervivencia del Modelo de Peligros Proporcionales de Cox (CPHM).

摘要

光降解体系 UV-H2O2FS-TiO2 利用固定的 TiO2 和 H2O2 来降解排出废水中的染料已经发展起来。在体系的光催化过程中，各种各样的纺织染料和其它有害的有机化合物在短时间内分别脱色和矿化。当反应 75 min 时，体系使 Acid Yellow 36 全部脱色和完全矿化。在恒定流速下，此过程会使脱色加速。UV-H2O2FS-TiO2 过程同样显示：TOC 的去除率相当高，为 90%；COD 也同时减少了 90%，结果表明所选择的新方法可以处理大量的纺织废水。在降解排出废水中染料的同时，形成并分解了额外的 H2O2。此外，pH 或温度这些试验参数在其范围内的调节对结果没有影响。薄膜中 TiO2 的固定使测量简单化而且使毒素变得无害。

在本论文中，动力学的研究则更为重要。CPT，是指引起沿着被氧化的染料分子链的单双键之间 90% 的振动所需要的紫外曝光时间，是衡量光催化活动的尺度，称为"关键光子时间"或"CPT"。CPT 动力学测量就是考虑电子空穴对的动力学。因此，在较广的紫外波长范围内(150-400 nm)，在 H2O2 存在的情况下，CPTs 可以精确的确定光催化降解色度的敏感性。此外，在染料的整个脱色期间，CPTs 可以预测发生光催化初级反应时的分解时间和纺织染料抗降解的能力，可以计算出 PEhv 和 PDhv，也可以预测各种不同浓度的染料混合物的光催化降解顺序。因此，无论废水中的染料和聚乙烯醇(PVA) 的浓度如何，降解的顺序是由于 HO-集团的特异性和选择性所决定。在实际合成的废水中，由于高活性反应组分的影响，得出以下的降解顺序：Acid Naranja 52 < Amarillo ácido 36 < Rojo ácido 17 < Azul ácido 45 < PVA 。

最后，以总有机碳(TOC)作为动力学测量的尺度，用于研究各种光催化参数的共同作用，即膜扩散阻力、反应物的保留时间以及固定的光催化剂的转换效率。将体积流速控制在 0.6 和 1.2 L/、反应物的保留时间以及固定的光催化剂的转换效率%和 83%min 时，转换效率分别为 71：在整个保留时间内，TOC 与 CPHM 的剩余函数非常一致。

Abreviaturas utilizadas a lo largo de esta tesis:

[V (vs NHE)]	un potencial redox de un electrón		H2O2FS	peróxido de hidrógeno desde el principio
∫Abs.	absorción de la integración		HO-	radicales de hidroxilo
A	valor de absorción		nm	nanómetro
a.u.	unidad de absorción		O3	ozono
AOP-proceso	de oxidación avanzada		PDhv	deficiencia de fotones
AOX	halógenos orgánicos absorbibles		PEhv	eficiencia del fotón
			PVA	alcohol polivinílico
AY-36	Amarillo ácido 36		TICtotal	carbono inorgánico
cm-1	wavenumber		TiO2	dióxido de titanio
	Demanda química de oxígeno COD		TNb	Nitrógeno total unido
			TOC	carbono orgánico total
	Modelo proporcional de riesgos de CPHMCox		UV	luz ultravioleta
			W	watts
CPT	tiempo fotónico crítico		x	la tasa de flujo volumétrico
$E0$	potencial de oxidación (V)		λ	longitud de onda
Ebg	la energía de la banda			

1

INTRODUCCIÓN GENERAL

1.1 La naturaleza de los efluentes textiles

Para comprender los problemas de efluentes que enfrenta la industria textil, es necesario estar familiarizado con los procesos que dan lugar a la producción de efluentes. La figura 1-1 es una representación esquemática de las principales etapas que intervienen en el procesamiento de las fibras naturales y las fibras sintéticas (Barnes *et al.*, 1992), en la que los desechos líquidos marcan los procesos que dan lugar a los efluentes que requieren tratamiento. Las industrias de elaboración de textiles producen grandes cantidades de efluentes con una composición variable según los procesos húmedos empleados (Comisión de Oslo y París, 1995).

Dado que los efluentes que emanan del procesamiento húmedo de los respectivos tejidos son el centro de este proyecto, los procesos más cruciales se describen con más detalle a continuación: (1) **Desengorde.** Este proceso es comúnmente la primera etapa húmeda en el procesamiento del algodón. Implica la eliminación del tamaño de la tela de algodón (utilizando enzimas, ácido o álcali) para asegurar que los procesos de acabado químico posteriores funcionen correctamente. Los hilos de algodón fueron inicialmente recubiertos de tamaño para evitar roturas e impartir un acabado suave durante el tejido. Los tamaños son compuestos orgánicos como el almidón o los derivados del almidón, los derivados de la celulosa, los poliacrilatos y el alcohol polivinílico (PVA). Así pues, el efluente de desecación tiene generalmente una carga orgánica elevada y se caracteriza por altos valores de demanda química de oxígeno (DQO). En los molinos sudafricanos, la contribución de los efluentes de desencolado en la DQO es del 55% para el proceso húmedo, y la contribución en la carga total de DQO del molino comprenderá entre el 15% y el 40%, dependiendo de los procesos textiles en uso en ese molino (Bossmann *et al.* , 2001).

La liberación incontrolada de PVA y polímeros relacionados de plantas industriales en el medio ambiente causa problemas ecológicos (Dignac *et al.*, 2000). Aunque el PVA no es tóxico por sí mismo, es químicamente estable, y su solución es demasiado viscosa, lo que conlleva un cambio significativo en el ecosistema, especialmente en las propiedades físico-químicas de los sistemas receptores. El PVA tiene una característica espumante muy alta que deteriora la presentación del agua, reduciendo el oxígeno disuelto en el agua y disminuyendo la velocidad de la reacción redox de las aguas residuales.

(2) Limpieza. Después del desencolado, las impurezas naturales restantes (es decir, los componentes orgánicos distintos de la celulosa) se eliminan del algodón mediante un proceso de ebullición prolongada en soluciones alcalinas, ya sea en recipientes cerrados conocidos como kiers (Trotman, 1968) o en recipientes de reacción continua. Los efluentes de lavado se caracterizan, por lo tanto, por altos valores de DQO y pH, y un robusto color amarillo-marrón.

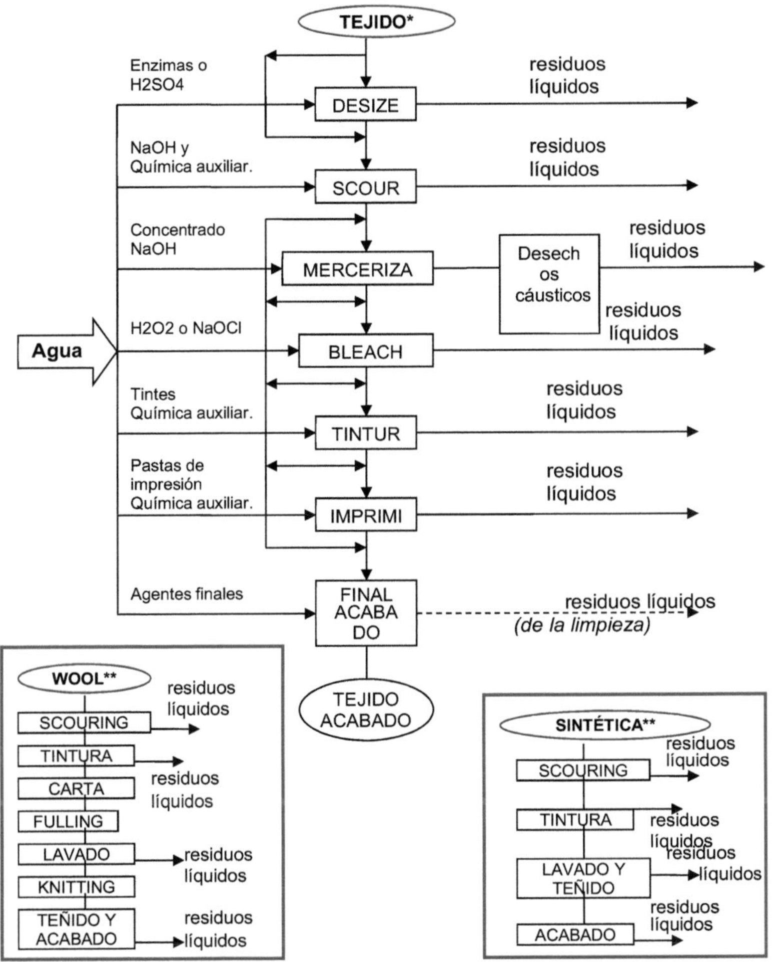

* adaptado del documento de desarrollo de la EPA para la industria textil.
** adaptado de Barnes *et al.*, 1992.

Figura 1-1: Diagramas de flujo de los procesos típicos de acabado de tejidos y su líquido

residuos que requieren tratamiento

(3) **Mercerizando. La** mercerización es el tratamiento de las fibras celulósicas con una solución concentrada de hidróxido de sodio, que hincha las fibras y aumenta la fuerza y la afinidad del tinte de los tejidos. El efluente de la mercerización se caracteriza por altos valores de pH.

(4) Blanqueo. Esto se utiliza para mejorar la blancura del tejido textil y puede lograrse con agentes oxidantes o reductores. El blanqueo de los textiles se realiza actualmente utilizando H2O2 o clorito. Existe una tendencia a reducir el uso del clorito a medida que se forman halógenos orgánicos adsorbibles cancerígenos (AOX) (Comisión de Oslo y París, 1995). Los efluentes de blanqueo no suelen contener altas concentraciones de sustancias orgánicas; sin embargo, cuando se utiliza el hipoclorito como agente blanqueador, la presencia de halógenos en el efluente requiere una forma de tratamiento.

(5) **Teñido.** Los tintes usados para el teñido del algodón son directos, reactivos a la fibra, azufre y tintes de tina. Los tintes de fibras reactivas están reemplazando rápidamente a los tintes directos (Burkinshaw, 1990) y suelen ser los principales tintes utilizados para colorear el algodón. Las diferentes clases de tintes requieren procedimientos de teñido específicos. Sin embargo, un factor común es que el agua es necesaria para todas las formas de teñido, ya sea como disolvente o como medio de transporte y, por lo tanto, el efluente se genera en todos los procesos de teñido. El volumen y las características del efluente se determinan por el tipo de proceso de teñido y la clase de tinte utilizado.

Los colorantes son responsables de la coloración de los efluentes, que además de ser inestéticos, pueden reducir la transmisión de la luz a la vida acuática. El grado de fijación de un tinte en una fibra varía según el tipo de fibra a teñir, el tono del tinte y los parámetros de teñido. Por lo tanto, las tasas de fijación de los diferentes tintes sólo pueden darse como directrices (Cuadro 1-1). Los colorantes y, más especialmente, los colorantes reactivos pueden tener una tasa de fijación deficiente y, por lo tanto, pueden ser difíciles de eliminar de las aguas residuales debido a su baja biodegradabilidad y a su bajo nivel de absorción en los lodos activados. En los procesos de teñido se utilizan diferentes tipos de sales para diferentes propósitos. El teñido reactivo de algodón, por ejemplo, requiere grandes cantidades de sales, mucho mayores que las necesarias en otros procesos de teñido (con tintes directos, por ejemplo) y los fabricantes de tintes han tratado de abordar este problema (Cuadro 1-2). Las sales no se eliminan mediante los procesos convencionales de tratamiento de aguas residuales y, por lo tanto, se descargan finalmente en el efluente final. En las regiones áridas o semiáridas su uso en gran escala por las casas de teñido puede dar lugar a concentraciones de sal en las aguas subterráneas por encima del límite tóxico, y esto aumenta la salinidad de las aguas subterráneas, e incrementa la presión osmótica de las especies mamíferas y acuáticas. También es importante señalar

la toxicidad de los electrolitos para la vida acuática y el crecimiento bacteriano en las plantas de tratamiento de aguas residuales municipales o industriales, ya que aumentan la presión osmótica dentro de las células orgánicas.

(6) **Terminando.** Se refiere a cualquier proceso utilizado para mejorar la calidad del tejido después del teñido.

Cuadro 1-1: Porcentaje de colorante no fijo que puede descargarse en el efluente en función de las clases de colorante (Hessel *et al.*, 2006)

Tintes	EPA	OCDE	España
Tintes ácidos	10–20	7–20	5–15
Tintes básicos	1	2–3	0–2
Tintes directos	30	5–20	5–20
Dispersar los tintes	5–25	8–20	0–10
Tintes azoicos	25	5–10	10–25
Tintes reactivos	50–60	20–50	10–35
Complejos de metal	10	2–5	5–15
Tintes de cromo	–	–	5–10
Tintes de tina	25	5–20	5–30
Tintes de azufre	25	30–40	15–40

EPA: La Agencia de Protección Ambiental de los Estados Unidos
OCDE: Organización de Cooperación Económica para el Desarrollo

Tabla 1-2: Cantidad de sal mineral utilizada durante el escape del algodón con colorantes reactivos o directos (Hessel *et al.*, 2006)

Sombra	Tintura (%)	Sales (g L-1) A	Sales (g L-1) B
Pegar/luz	<1.5	2.5–7.5	30–60
Medio	1.0–2.5	7.5–12.5	70–80

| Dark | >2.5 | 12.5–20 | 80–100 |

A: la cantidad de sal aplicada con colorantes directos (g L-1)
B: la cantidad de sal que se aplica con los colorantes reactivos (g L-1)

1.2 Legislación y normas para el vertido de aguas residuales textiles

Muchos países federales, como el Estados Unidos (http://www.access.gpo.gov/cgibin/cfrasse mble.cgi?title=200240), Canadá (http://www.menv.gouv.qc.ca/indexA.htm), y Australia (http://www.epa.vic.gov.au/Water/EPA/#Other) tienen una legislación ambiental nacional que, como en Europa, establece los valores límite a cumplir. Muchos países, como Tailandiahan copiado el sistema americano. Otros han copiado el modelo europeo, como Turquía o Marruecos. En algunos países, por ejemplo, India, Pakistán...y... Malasia (www.ostcwas.org/environment/ water.html#3.2.1), los límites de emisión son valores límite recomendados, no obligatorios.

La República Federal de Alemania (RFA), que tiene algunas de las reglamentaciones de efluentes más estrictas del mundo, clasifica las siguientes características/componentes de los efluentes textiles en orden de prioridad (Carliell, 1993):

(1) la coloración del efluente;

(2) la toxicidad del efluente;

(3) el contenido de carbono orgánico total (COT) del efluente;

(4) halógenos orgánicos absorbibles en el efluente;

(5) metales en el efluente;

(6) el contenido de sal del efluente.

Esto ha dado lugar a que los siguientes efluentes textiles estén prohibidos para ser descargados en una planta de tratamiento de aguas residuales sin tratamiento previo:

(1) no hay agua de lavado sin tratar de la impresión;

(2) no hay exceso de relleno de tinte y licores de acabado;

(3) no hay tamaños sintéticos con menos del 80 % de biodegradabilidad;

(4) no hay cromo, arsénico o mercurio.

Aunque la legislación de algunos países no es tan estricta como la citada para la RFA, en la República de Namibia se da la siguiente prioridad a las características de los efluentes textiles (comunicación personal, T. Slingler (2004), Gammams Water Care Works):

(1) la coloración del efluente;

(2) toxicidad;

(3) sales, lo que disminuye la prioridad para las fábricas textiles nacionales.

Por lo tanto, puede verse que la coloración de los efluentes es prioritaria tanto en Europa como en el resto del mundo. Namibia. La legislación en Sudáfrica... también establece que el efluente descargado debe adherirse a una norma general de color cero (Carliell, 1993); sin embargo, en la práctica, la medición del color se complica debido a métodos analíticos inadecuados, así como a la coloración natural y a los sólidos en suspensión en las masas de agua receptoras. En algunos países como Francia, Austria...y... Italiahay valores límite para la coloración de los efluentes. Sin embargo, estos países utilizan unidades diferentes, lo que hace imposible la comparación (Hessel *y otros*, 2006). Los métodos analíticos tradicionales para la medición del color del agua están calibrados con un estándar amarillo-marrón (unidades Hazen) que es satisfactorio para medir el color natural del agua debido a los ácidos orgánicos disueltos, pero no está relacionado con el espectro de colores asociados con el teñido. En Franciala unidad actual es un mg L-1 Pt-Co. En Francia De nuevo, una muestra del efluente coloreado se diluye en un factor 30; si no hay coloración visible después de la dilución, se dice que el efluente cumple con la norma. Un método desarrollado por el Instituto Americano de Fabricantes de Tintes (ADMI) tiene la ventaja de que es independiente del tono y puede, por lo tanto, estar relacionado con el color impartido por los tintes textiles. Sin embargo, estas mediciones de color siguen siendo complicadas por los sólidos que interfieren (que deben ser eliminados por filtración) y los cuerpos de color insolubles que contribuyen a la percepción general del color del agua pero que son eliminados por la filtración (Barnes *et al.*, 1992). Además, cuando el color es indeseable por razones estéticas es un reto correlacionar las mediciones analíticas de color con la percepción del color por el ojo humano.

Parece que sólo unos pocos países tienen valores límite actuales relativos al color de los efluentes vertidos en las plantas de tratamiento, mientras que los demás países no tienen en cuenta en absoluto este parámetro. Por lo tanto, en la práctica, las normas de color cero pueden modificarse de manera que el impacto del efluente coloreado en la masa de agua receptora sea tal que el color total del agua sea aceptable para todos los usuarios actuales y potenciales aguas abajo. Esto último es extremadamente grave en países con restricciones de agua como Namibia que dependen del amplio reciclaje de agua para satisfacer la creciente demanda de agua por parte de los sectores doméstico, agrícola e industrial.

No se establecen límites estrictos para el COT y la DQO de los efluentes en Namibiapermitiendo a las fábricas textiles descargar efluentes de alto contenido orgánico en las obras de tratamiento de aguas residuales. Sin embargo, las cargas de los efluentes se calculan sobre la carga orgánica del efluente (normalmente medida por la DQO) y, por lo tanto, la descarga de los efluentes de desencolado y lavado suele dar lugar a cargas de efluentes extremadamente altas que podrían reducirse drásticamente si el pretratamiento de estos efluentes fuera

implementado. Aunque el enfoque principal de este proyecto fue la remoción del color de los efluentes textiles, tanto las reducciones de COT como de DQO de los efluentes textiles de alta resistencia orgánica han sido cuidadosamente monitoreadas después de la decoloración fotocatalítica, y se describen en el Capítulo Cinco.

1.3 Procesos avanzados de oxidación para la recuperación del medio ambiente

La inequívoca dependencia de los tintes textiles requerirá tratamientos de agua que eliminen los peligros de la exposición a los tintes tóxicos y a los productos de sus transformaciones naturales. Las plantas de tratamiento de agua convencionales utilizan los procesos de eliminación mecánica, filtración, lodo activado y cloración para limpiar las aguas residuales. Lamentablemente, estos procesos no suelen ser eficaces para la remediación de los contaminantes orgánicos industriales, como los tintes. De hecho, los procesos de cloración suelen aumentar la toxicidad de los compuestos orgánicos mediante la formación de hidrocarburos clorados y aromáticos (Komulainen, 2004; Nikolaou *et al.* , 2004; Golfinopoulos y Nikolaou, 2001; Bedner *et al.* , 2004). Un considerable esfuerzo de investigación se centra en estrategias alternativas de rehabilitación que pueden limpiar eficazmente las aguas contaminadas por productos químicos antropogénicos (Lagadec *y otros*, 2000; Bogatin *y otros*, 1999; Li Puma y Yue, 2001; Tobien *y otros,* 2000). Debido a que la descomposición de los compuestos orgánicos puede conducir a la formación de sustancias igual o más tóxicas que los compuestos parentales, los procesos de remediación eficaces también deben abordar la necesidad de transformaciones a compuestos no tóxicos o la mineralización (formación de CO_2 y sustancias inorgánicas) de los contaminantes (Hwang *et al.* , 1998). Estas constataciones han dado lugar a investigaciones detalladas sobre los POA (Jones, 1999; Stock *y otros,* 2000; Richardson *y otros,* 1996; Ollis *y* Al-Ekabi, 1993; Acero *y otros,* 2001; Saltmiras y Lemley, 2000; Huber y otros, 2003; Peller *y otros,* 2003; Acero *y otros,* 2000; Pérez y otros, 2002; Adewuyi, 2001). Las tecnologías de oxidación avanzadas (Figura 1-2) que utilizan oxidantes sin cloro en la remediación de productos químicos industriales son muy prometedoras como parte del proceso de tratamiento del agua.

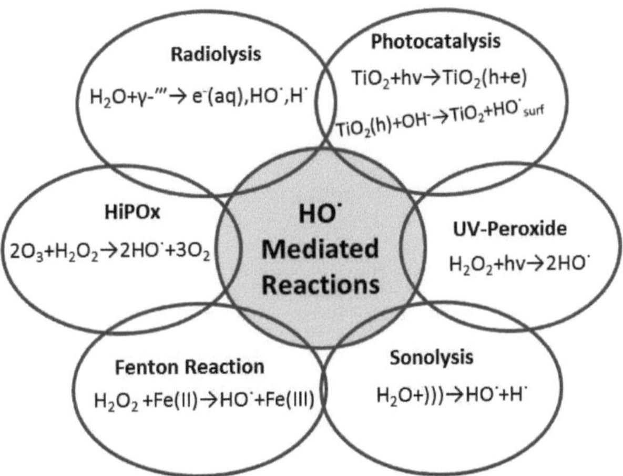

Figura 1-2: Procesos de oxidación avanzada (AOP).

Los AOP se definen como tecnologías que emplean el radical hidroxilo altamente reactivo como principal especie oxidante para la descomposición de contaminantes orgánicos como los tintes textiles. El radical hidroxilo puede formarse por algunos métodos en sistemas acuosos: ondas ultrasónicas de alta frecuencia, γrayos o electrones de alta energía-, TiO2 y luz UV, H2O2 y luz UV, O3 y luz UV, la reacción de Fenton (H2O2/Fe2+), y varias combinaciones de estos procesos. Algunos de los procesos requieren gases, y otros requieren superficies para la producción o reacción de radicales de hidroxilo. Se han evaluado muchos de los puntos fuertes y débiles de esos procesos, lo que ha permitido comprender mejor sus posibilidades de aplicación práctica (Tobien *y otros,* 2000; Adewuyi, 2001; Hoffmann y *otros,* 1995; Kamat y Meisel, 2002; Colarusso y

Serpone, 1996; Drijvers *y otros,* 2000; Evgenidou y Fytianos, 2002; Hua y Hoffmann, 1997; Li y otros, 2001; Joseph *y otros, 2000*). Al mismo tiempo, todavía se desconocen muchos detalles de los mecanismos de oxidación, y los mecanismos exactos que intervienen pueden depender del proceso o procesos de oxidación avanzados que se utilicen. Aun así, existe un gran potencial en estos procesos y posiblemente aún más en una combinación de tecnologías de oxidación específicas para satisfacer las necesidades de remediación (Stock *et al.*, 2000; Peller *et al.*, 2003; Destaillats *et al.,* 2000).

1.3.1 Proceso homogéneo UV-Fenton

El reactivo Fenton es la combinación de ión ferroso y H2O2, que se considera un tipo de oxidante fuerte desde hace más de 100 años y se aplica ampliamente en muchos campos, como la industria química fina, la industria farmacéutica y química, la sanidad farmacéutica, el tratamiento de la contaminación ambiental, etc.

En 1894, el científico francés Fenton descubrió que el ácido tartárico podía oxidarse eficazmente en una solución ácida con ión ferroso y H2O2. Este descubrimiento proporcionó un nuevo método para analizar los compuestos orgánicos reductores y los compuestos orgánicos selectivos. Para conmemorar a este gran científico, el reactivo Fenton fue nombrado en honor a Fenton / H2O2. La ventaja del proceso de Fenton es que la velocidad de descomposición del H2O2 y la velocidad de oxidación son vertiginosas. Muchos sulfuros inorgánicos, desde el elemento azufre hasta el sulfuro, compuestos con azufre y oxígeno y H2S, pueden oxidarse hasta convertirse en sulfato (Ruppert y Bauer, 1993; Bauer y Fallmann, 1997; Kim *y otros,* 1997). En las primeras investigaciones, la gente aplicó la técnica a la química orgánica, analítica y a las reacciones de acumulación orgánica. En 1964, Eisenhouser H. R. trató por primera vez las aguas residuales de fenol y alquilbenceno con el reactivo Fenton e inauguró la aplicación del reactivo Fenton para el tratamiento de las aguas residuales.

En 1991, Zepp de la Oficina de Protección Ambiental de los Estados Unidos y Faust, Holgne y otros (Bauer y Waldner, 1999) de Suiza La Academia de Fuentes de Agua y Tratamiento de la Contaminación del Agua estudió la reacción de Fenton bajo foto-irradiación, y sorprendentemente descubrieron que la velocidad de descomposición del alcohol *n-octilico*, 2-metil-2-propanol y nitrobenceno bajo foto-irradiación es más rápida que antes. Este descubrimiento hizo que la luz solar se aplicara al tratamiento de los contaminantes orgánicos tóxicos en el agua y que el valor de aplicación de la reacción de Fenton se potenciara. Desde entonces, el tratamiento de las aguas residuales orgánicas con UV/Fenton se ha estudiado de forma difusa (Zepp *y otros,* 1992; Barbeni *y otros*, 1987; Huston y Piganatelo, 1996; Werner y David, 1992; Kim *y otros,* 1997). El UV/Fenton homogéneo tiene muchos méritos, como la alta eficiencia de la fotocatálisis y la fuerte capacidad de oxidación. Además, muestra más ventajas que los otros métodos al tratar aguas residuales concentradas, no biodegradables y venenosas.

1.3.2 Sistema similar al proceso de Fenton (Fe^{3+} + H2O2)

En los últimos años, la gente ha estado tratando de utilizar el ión férrico trivalente, que se denomina un reactivo Fenton similar y que podría utilizarse para descomponer los compuestos orgánicos para sustituir al ión férrico divalente en el proceso Fenton tradicional. Como es habitual, se cree que la velocidad de descomposición de un reactivo de Fenton similar a los compuestos orgánicos es más lenta, como sugieren las dos siguientes Ecs. (1.1) y (1.2). Sin embargo, bajo la condición de la foto-irradiación, este sistema (igual que el sistema de iones férricos divalentes) podría aumentar enormemente la velocidad de descomposición de los compuestos orgánicos, y la proporción de uso de H2O2 es muy alta.

$$Fe^{2+} + H_2O_2 \rightarrow Fe^{3+} + HO^{\bullet} + OH^- \qquad k_1 = 63\,M^{-1} \cdot s^{-1} \qquad (1.1)$$

$$Fe^{3+} + H_2O_2 \rightarrow Fe^{2+} + H^+ + HO_2^{\bullet} \qquad k_2 = 0.002\,M^{-1} \cdot s^{-1} \qquad (1.2)$$

Tras nuevas investigaciones, se cree que la forma de Fe (III) en el agua está relacionada con el grado de ácido-álcali del medio. Estas formas son Fe3+, $Fe(OH)^{2+}$, $Fe2(OH)^{24+}$, $FeLn^{(n-3)-}$ y el ion hidratado (L es el ion halógeno y otros iones ligandos). Si el pH es 0, entonces la principal forma de ion férrico trivalente es el $Fe(H2O)^{63+}$. Al aumentar el pH, el ión férrico trivalente se descompondrá para coordinar el ión férrico. El equilibrio entre todos los tipos de iones férricos es el siguiente:

$$Fe^{3+} + OH^- \leftrightarrow Fe(OH)^{2+} \qquad k_3 = 6.5 \times 10^{11} \qquad (1.3)$$

$$Fe(OH)^{2+} + OH^- \leftrightarrow Fe(OH)_2^+ \qquad k_4 = 3.08 \times 10^{10} \qquad (1.4)$$

$$Fe(OH)_2^+ + OH^- \leftrightarrow Fe(OH)_3 \qquad (1.5)$$

El número de mol de las diferentes formas de ionización del ión férrico trivalente cambiará tras los cambios del pH. El ión férrico hidroxilado toma el amarillo y la banda de adsorción de la transferencia de carga entre el ligando y el ión férrico central en la región ultravioleta (la cola está cerca de la región visible). Estos fragmentos producen iones férricos y radicales libres de hidroxilo en la región ultravioleta o cerca de la irradiación ultravioleta:

$$Fe(OH)^{2+} + hv \rightarrow Fe^{2+} + HO^{\bullet} \tag{1.6}$$

Tabla 1-3: Efecto de la longitud de onda en la eficiencia cuántica (Φ) de Especies de Fe (III) (Xu *y otros*, 1998)

Especies de Fe (III)	λ (nm)	Φ
$Fe(H2O)^{63+}$	254	0.065
$Fe(OH)_{2+}$	313	0.14
$Fe2(OH)^{24+}$	350	0.007
$Fe(OH)^{2+}$	350	0.017

En una solución ácida débil, la principal forma de Fe (III) es $Fe(OH)^{2+}$. Por ejemplo, el $Fe(OH)^{2+}$ y el $Fe2(OH)^{24+}$ producen Fe2+· y la tasa iónica productiva es respectivamente 0,017 y 0,007 a 350 nm como se muestra en la Tabla 1-3.

1.3.3 Ultrasonido de alta frecuencia

Cuando se introducen ondas de ultrasonido de alta frecuencia en una solución acuosa, se forman rápidamente burbujas que se desarrollan a través de ciclos de rarefacción/compresión. Al acumularse la presión absoluta (tamaño crítico de la burbuja), las burbujas colapsan hacia adentro. Este proceso de implosión inducido por ultrasonido se conoce como cavitación. La temperatura y la presión muy altas acompañan la implosión de las burbujas de cavitación, formando áreas microscópicas de energía extremadamente alta. Se han alcanzado presiones de hasta 1000 atm y 4726,85°C (Makino *et al.*, 1983; Serpone y Colarusso, 1994).

La sonólisis de alta frecuencia puede inducir la degradación de los compuestos orgánicos por dos vías principales. Al colapsar la burbuja de cavitación, los compuestos volátiles vaporizados se destruyen mediante reacciones pirolíticas o combustivas debido a las condiciones extremas de temperatura y presión. Los hidrocarburos de menor peso molecular y otros compuestos volátiles forman intermediarios y productos que reflejan la pirólisis o los productos de la reacción de combustión (Hart *et al.* , 1990a). El segundo tipo de vía de reacción consiste en los procesos químicos en la interfaz de la burbuja, inducidos por átomos de hidrógeno y radicales de hidroxilo formados a partir de la homólisis del agua, promovidos por las condiciones de implosión. Las Ecs. (1.7) a (1.12) resumen las principales especies reactivas producidas por el ultrasonido de alta frecuencia en una solución acuosa. Las moléculas de solutos que no se vaporizan sino que se difunden en o cerca de la burbuja son susceptibles de sufrir el ataque de los radicales por HO- o H-. Se cree que la concentración de radicales de hidroxilo en la interfase puede llegar a ser de $1 \times 10\text{-}2$ M al colapsar la burbuja (Adewuyi, 2001).

$$H_2O+)))) \rightarrow H^{\bullet} + HO^{\bullet} \tag{1.7}$$

$$H^{\bullet} + O_2 \rightarrow HO_2^{\bullet} \rightarrow HO^{\bullet} + \tfrac{1}{2}O_2 \tag{1.8}$$

$$O_2 \rightarrow 2O^{\bullet} \tag{1.9}$$

$$O^{\bullet} + H_2O \rightarrow 2HO^{\bullet} \tag{1.10}$$

$$2HO^{\bullet} \rightarrow H_2O_2 \tag{1.11}$$

$$2HO_2^{\bullet} \rightarrow H_2O_2 + O_2 \tag{1.12}$$

Las reacciones de degradación activa en la sonólisis de alta frecuencia se limitan al interior de la burbuja de cavitación que se está colapsando y a la interfaz de la burbuja. Las moléculas que son hidrófobas o volátiles tienen más probabilidades de sufrir reacciones de tipo pirólisis porque pueden entrar en el interior hidrófobo de las burbujas durante la cavitación (Petrier *et al.*, 1998; Hart *et al.* , 1990b). Debido a que los compuestos que son hidrófilos o no volátiles no entrarán en las burbujas de cavitación hidrofóbica, su reactividad será HO--mediada en la superficie de la burbuja (Peller *et al.*, 2001).

Los solutos que están presentes en estos ambientes se degradan efectivamente (Drijvers *et al.*, 2000; Hart *et al.*, 1990a; Petrier et *al.*, 1998; Hart et al., 1990b; Drijvers et *al.*, 1999; Colarusso y Serpone, 1996; Kotronarou *et al.*, 1991; Weavers *et al.*, 2000). Por el contrario, los compuestos altamente hidrófilos que se dispersan en la solución a granel (sin ser atraídos por la interfaz de la burbuja), como los ácidos carboxílicos de bajo peso molecular, se degradan a velocidades prolongadas, lo que indica una falta de actividad HO- en la solución a granel (Peller *et al.*, 2001). Dado que los compuestos hidrófilos se forman en los pasos intermedio y final de la reacción de oxidación de los compuestos orgánicos, el ultrasonido de alta frecuencia es un proceso inferior para lograr la completa mineralización de los compuestos orgánicos (Stock *et al.*, 2000; Vinodgopal *et al.*, 1998; Hiskia *et al.*, 2001).

1.3.4 radiolisisγ

La oxidación radiolítica de solutos orgánicos en soluciones acuosas implica el uso de radiación ionizante de fuentes como los haces de electrones de alta energía o el cobalto 60, que emite rayosγ. La radiación ionizante fuerza la expulsión de electrones de las moléculas de agua, y se produce la subsiguiente formación de los radicales primarios HO- y H-, así como del electrón acuoso altamente reactivo. La ecuación (1.13) muestra las especies resultantes de la radiolisis del agua y sus valores *G*, el número de especies formadas por cada 100 eV de energía (Buxton *et al.*, 1988).

$$H_2O \rightsquigarrow e_{aq}^-(2.6) + H^\bullet(0.6) + HO^\bullet(2.7) + H_2(0.45) + H_2O_2(0.7) + H_3O^+ \qquad (1.13)$$

$$H_2O + N_2O + e_{aq}^- \rightarrow N_2 + OH^- + HO^\bullet \qquad (1.14)$$

Varios depuradores del electrón acuoso, tales como el O2 (g) y el N2O (g), hacen que las condiciones de la solución acuosa sean oxidantes (Ec. (1.14)). Si el N2O (g) se utiliza como carroñero del $^{e-}$(aq), entonces los radicales hidroxilo altamente reactivos constituyen el 90% de los radicales primarios de la solución (Buxton, 1970). El radical hidroxilo es el poderoso oxidante en la remediación de la radiación, sin interferencia de otras fuentes externas como catalizadores, superficies, luz UV o calor extremo. Porque el radical hidroxilo es la única especie oxidativa involucrada en las transformaciones de los solutos,

La radiolisis es particularmente útil para los estudios mecanicistas sobre el papel y la reactividad de esta especie (Peller *et al.* , 2004).

1.3.5 UV-H2O2 y los factores que afectan a la eficiencia

Cuando el agua o las aguas residuales que contienen H2O2 son irradiadas con UV, se forman radicales hidroxilo. El mecanismo está representado por la siguiente ecuación:

$$H_2O_2 + h\nu \rightarrow 2HO^\bullet \qquad (1.15)$$

La luz ultravioleta, representada como *hv*, causa la disociación del H2O2 en dos radicales hidroxilo (OH-). Los radicales hidroxilo son oxidantes fuertes que pueden oxidar fácilmente los compuestos orgánicos (Yang *y otros*, 1998). Los radicales degradan los compuestos orgánicos mediante la separación de protones para producir compuestos orgánicos radicales, que conducen a una abstracción de átomos de hidrógeno o a la adición de dobles enlaces (Sundstrom *et al.*, 1989).

Los factores que afectan a la eliminación del color por H2O2 y UV incluyen la intensidad del color inicial, la concentración de H2O2, el tiempo y la intensidad de la radiación UV, el pH y la alcalinidad. Los estudios han demostrado que la variación de la concentración inicial de colorante azoico produce una variación en la cinética (Ince y Gonenc, 1997; Shu *et al.* , 1994). En un estudio de Ince y Gonenc (1997), la constante de la tasa de decoloración del negro reactivo 5 aumentó con concentraciones de colorante más bajas. Otro estudio indicó que cuanto más concentrado estaba el colorante Negro Reactivo 5, más lenta era la tasa de degradación. Se pensaba que esto era causado por la gran estructura de cinco anillos de tintes aromáticos (Ince y Gonenc, 1997). Yang *y otros* (1998) también investigaron el colorante Negro Reactivo 5 y descubrieron que a medida que aumentaba la concentración del colorante también aumentaba el tiempo necesario para lograr la eliminación del color idéntico, independientemente de las intensidades de radiación.

La concentración de peróxido de hidrógeno tiene efectos variables sobre los tintes. Parece que un aumento del peróxido aumentará la eficiencia general del sistema oxidativo. Sin embargo, también se ha demostrado que la decoloración aumenta cuando la concentración de H2O2 aumenta, pero sólo hasta cierto punto más allá del cual no se produce ninguna otra decoloración (Ince y Gonenc, 1997). A concentraciones mayores de H2O2, el exceso puede reaccionar con los radicales hidroxilo ya en solución para formar agua y oxígeno (Ince y Gonenc, 1997; Yang *et al.* , 1998).

La determinación de la dosis óptima de H2O2 para un tratamiento particular requiere una evaluación preliminar de cada colorante. Si se conoce la estructura del colorante, se puede estimar la concentración teórica de H2O2 necesaria para la eliminación del color. Una ecuación química equilibrada que implica la
La descomposición de la molécula de colorante en sus subproductos de descomposición teóricos produce la concentración estequiométrica de H2O2 requerida (Yang *et al.* , 1998).

Al igual que el H2O2, el tiempo y la intensidad de la radiación UV deben determinarse por separado para los distintos tintes. Yang *y otros* (1998) sugirieron que las presiones de las lámparas y las intensidades de radiación de las unidades de UV utilizadas en las plantas de tratamiento deberían basarse en un orden de prioridad de las variables más importantes para la planta (costo, eliminación del color, eliminación del COT o de la DQO). Observó que la reducción del color no mejora significativamente con el uso de la lámpara de alta intensidad cuando las concentraciones de colorante son altas (Yang *et al.*, 1998). Sin embargo, las concentraciones más bajas de colorante responden con una mayor decoloración cuando se utiliza una lámpara de alta intensidad (Shu *et al.*, 1994; Yang *et al.*, 1998). Los tiempos de contacto requeridos para cada tratamiento son funciones de la intensidad de la irradiación UV, y la relación entre el H2O2 y la tasa de decoloración cambiará inevitablemente la extensión de la reducción de color. Además, el tiempo requerido para la decoloración también será una función de la intensidad de los rayos UV. Los tiempos de contacto necesarios para decolorar varias aguas residuales en varios estudios citados en la bibliografía oscilaron entre 30 segundos y 1 h.

El pH y la alcalinidad de las soluciones de efluentes de los tintes pueden afectar significativamente la reducción del color y la tasa de reducción. Según Shu y *otros* (1994), las tasas de descomposición de los tintes bajo la radiación UV-H2O2 disminuyeron con el aumento del pH. Además, se descubrió que el H2O2 se descomponía generalmente en agua y oxígeno en lugar de formar radicales hidroxilo en condiciones alcalinas, lo que daba lugar a menores tasas de decoloración de los azocolorantes a valores de pH más altos. La decoloración por UV-H2O2 fue más eficaz a un pH neutro (Namboodri y Walsh, 1996; Ince y Gonenc, 1997; Shu y *otros*, 1994).

1.3.6 Fotocatálisis de TiO2

En la fotocatálisis del TiO2 de soluciones acuosas, la luz UV se utiliza para excitar un electrón del óxido metálico para formar un par de orificios de electrones, donde el orificio es un sitio de oxidación localizado. Los electrones fotogenerados pueden ser recogidos por el gas O2 y H2O2 disuelto desde el principio (Shigwedha *et al.*, 2006). En la fotocatálisis, cuando se dispone de un estado adecuado de carroñero o de defecto de superficie para atrapar el electrón o el agujero, se impide la recombinación y se producen las subsiguientes reacciones redox. Los agujeros de la banda de valencia son oxidantes potentes (+1,0 a 3,5 V vs. NHE dependiendo del semiconductor y el pH), mientras que los electrones de la banda de conducción son buenos reductores (+0,5 a -1,5 V vs. NHE). La mayoría de las reacciones de fotodegradación orgánica utilizan el poder oxidante de los agujeros directa o indirectamente. Sin embargo, para evitar la acumulación de cargas, hay que proporcionar una especie reducible para reaccionar con los electrones. En un semiconductor inmovilizado en una película delgada, ambas especies (agujero y electrón) están presentes en la superficie. Por lo tanto, es necesario examinar cuidadosamente tanto la vía oxidativa como la reductora.

En la figura 1-3 se muestra una caricatura que se utiliza frecuentemente para ilustrar los procesos fotocatalíticos. Consiste en una superposición de las bandas de energía del TiO2 semiconductor (banda de valencia VB, banda de conducción CB) y la imagen geométrica de una partícula esférica. La absorción de un fotón con una energía hv mayor o igual a la energía de la banda (*Ebg*) generalmente lleva a la formación de un par electrón/agujero en la partícula semiconductora. Posteriormente, estos portadores de carga o bien se recombinan y disipan la energía de entrada como calor, quedan atrapados en estados superficiales metaestables, o reaccionan con donantes y aceptadores de electrones adsorbidos en la superficie o unidos dentro de la doble capa eléctrica. Las especies orgánicas pueden sufrir oxidación directamente en la superficie del agujero. El agujero también puede sufrir transferencia de carga con la molécula de agua absorbida o con especies de hidróxido ligadas a la superficie, formando finalmente un radical hidroxilo como oxidante. Estas reacciones están representadas en las Ecs. (1.16) a (1.19).

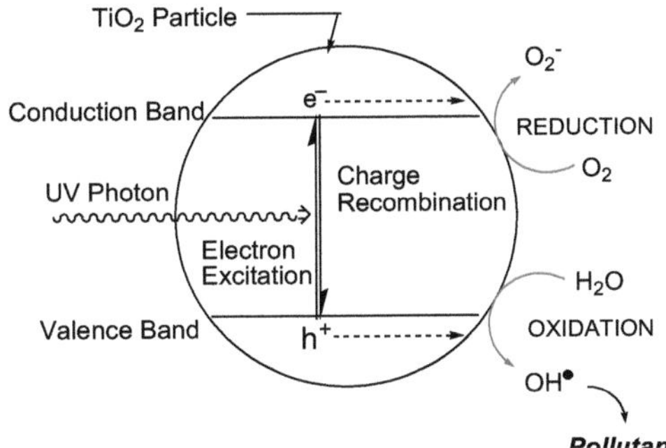

Figura 1-3: Una descripción simplificada de las reacciones primarias
que se produce en una partícula de TiO2 iluminada

$$TiO_2 + hv \rightarrow TiO_2(e+h) \tag{1.16}$$

$$TiO_2(e) + O_2 \rightarrow TiO_2 + O_2^- \tag{1.17}$$

$$TiO_2(h) + OH^- \rightarrow TiO_2 + HO^\bullet_{surf} \tag{1.18}$$

$$TiO_2(h) \, or \, HO^\bullet_{surf} + ORGANICS \rightarrow oxidative \; transformation \tag{1.19}$$

La ecuación (1.19) transmite ambas opciones de vías de oxidación, la oxidación directa por los agujeros fotogenerados y la oxidación mediada por HO. La ruta de oxidación preferida es altamente dependiente de los compuestos. Las especies que se adsorben fuertemente al TiO2, compuestos altamente polares, es probable que se oxiden a través de los agujeros fotogenerados.

Aunque otros semiconductores distintos del TiO2 también pueden actuar como catalizadores, el TiO2 es el fotocatalizador más estudiado en relación con las reacciones de degradación oxidativa. En los dos últimos decenios, decenas de trabajos han evaluado el proceso de fotocatálisis del TiO2 en la remediación de contaminantes orgánicos (Ollis y Al-Ekabi, 1993; Hoffmann y *otros,* 1995; Ding y otros, 2000; Chen *y otros,* 2004; Pramauro *y otros,* 1997; Pelizzetti *y otros,* 1990; Serpone y Pelizzetti, 1989; Fox y Dulay, 1993). Los resultados de muchos de los estudios implican que la capacidad de adsorción de los compuestos a la superficie del TiO2 está relacionada con la probabilidad o la tasa de oxidación (Li *y otros*, 2001; Dionysiou *y otros*, 2000; Liu *y otros, 2000;* Calvo *y otros,* 2001). Algunos estudios han vinculado el tamaño de las partículas de TiO2 a su actividad (Dawson y Kamat, 2001; Kamat y Meisel, 1997; Pelizzetti *y* otros, 1993), y otros trabajos han informado sobre el efecto de las sales (Dionysiou *y* otros.., 2000), metales, (Kamat, 2002; Vinodgopal *et al.* , 1996; Cozzoli *et al.,* 2004), exposición intermitente a la luz (Cornu *et al.* , 2001), y otros solutos o condiciones sobre la capacidad oxidativa del proceso del TiO2 (Li Puma y Yue, 1999; Al-Ekabi et al., 1989; Vinodgopal *et al.,* 1994).

La mayoría de los hallazgos publicados que tratan de la destrucción de contaminantes orgánicos por fotocatálisis de TiO2 verifican la idoneidad del TiO2 como fotocatalizador. Aunque la mayoría de los trabajos informan de que los compuestos se degradan rápidamente a través de esta oxidación fotocatalítica, se ha descubierto que algunos compuestos son algo resistentes. La capacidad de la fotocatálisis del TiO2 para mineralizar los compuestos orgánicos en marcos temporales realistas ha sido demostrada en muchos de los experimentos notificados (Terzian *et al.*, 1991; Helz *et al.*, 1994). Aun así, el hecho es que algunos compuestos, como el ácido cianúrico y el tetracloruro de carbono, muestran resistencia a la degradación fotocatalítica (Tetzlaff y Jenks, 1999; Yamazaki *y otros,* 2004).

1.4 Opciones de tratamiento de los efluentes en la labor de investigación existente sobre los efluentes que contienen colorantes

El tratamiento de las aguas residuales del teñido de textiles usados por métodos tradicionales ha demostrado ser ineficaz para muchas instalaciones de tratamiento de aguas residuales. El tratamiento convencional de lodos activados es

el método de tratamiento típico utilizado hoy en día. Originalmente, los lodos activados no estaban destinados al tratamiento de desechos industriales, en particular los desechos textiles que contenían tintes y agentes tensoactivos. Otros métodos de tratamiento de los textiles, como las combinaciones de métodos biológicos, físicos y químicos, incluida la coagulación y/o floculación, la oxidación electroquímica y la adsorción de carbono activado, la ósmosis inversa, la microfiltración de flujo cruzado, el ozono y los procesos químicos oxidantes/reductores, son todos ellos tratamientos populares que pueden utilizarse para tratar las aguas residuales de los textiles.

La no biodegradabilidad de las aguas residuales textiles se debe a su alto contenido de colorantes, surfactantes y aditivos. La adsorción de los compuestos de colorante al carbón activado u otros materiales celulósicos de bajo costo transfiere el componente coloreado del efluente a una forma sólida que puede luego ser eliminada en un vertedero. También se pueden utilizar floculantes químicos para flocular los colorantes que luego se eliminan de la solución como un lodo. En algunos procesos de teñido, puede ser factible la reutilización de los tintes recuperados. Sin embargo, muchos fabricantes de textiles son reacios a arriesgar la calidad del proceso de teñido utilizando tintes reciclados. En otros casos, como la recuperación de los tintes reactivos del algodón, la reutilización de las soluciones de teñido es imposible debido a la hidrólisis de estos tintes en el baño de teñido. Esta reacción también explica el agotamiento relativamente pobre que se encuentra con esta clase de tinte, lo que da lugar a efluentes muy coloreados que emanan del tinte reactivo. En este caso, se debe aplicar un tratamiento de residuos de las soluciones de colorantes concentrados.

Sin embargo, los POA parecen tener el mayor potencial de uso futuro en la industria textil de aguas residuales. El tratamiento de los efluentes de tintes gastados mediante un proceso que utiliza luz ultravioleta (UV) y un fuerte oxidante es una alternativa eficaz para la eliminación del color. El peróxido de hidrógeno (H_2O_2) es el oxidante más común usado en combinación con los rayos ultravioleta. El dióxido de cloro (ClO_2) también tiene capacidades oxidativas para la eliminación de color. El UV en combinación con el ClO_2 es un posible tratamiento para la reducción de efluentes de color de las instalaciones de teñido de textiles. Además, el uso de TiO_2 o ZnO como fotocatalizador permite la total decoloración y mineralización de los tintes en cortos tiempos de reacción.

Algunos investigadores han demostrado que la adición de reactivos químicos como el H2O2 al sistema fotocatalítico, que pueden actuar como aceptadores alternativos de electrones, da lugar a mayores tasas de destrucción de contaminantes (Hisanaga *y otros,* 1990; Augugliaro *y otros*, 1990; Matthews, 1991; Cornish y *otros,* 2000; Chu y Wong, 2004). Se ha trabajado poco en la eficacia del oxidante químico H2O2 en la degradación de las aguas residuales textiles reales. Rositano *y otros* (1998) descubrieron que se producía poca degradación de las toxinas en presencia de H2O2. Sin embargo, se comprobó que era eficaz

cuando se usa en combinación con el O3. Los sistemas UV-H2O2 son esencialmente autosuficientes después de la iniciación del 2OH-, mientras que los sistemas UV/TiO2/H2O2 requieren la entrada constante de H2O2. Sin embargo, no se ha informado sobre el efecto del UV-H2O2FS anaeróbico o del UV-H2O2FS-TiO2 anaeróbico en las aguas residuales textiles. Lo que ha faltado también es un método cinético general para comparar las eficiencias de los procesos. Se han propuesto métodos para evaluar la eficiencia de los procesos en entornos industriales, como las eficiencias fotónicas relativas (Tahiri *y otros,* 1996; Serpone *y otros,* 1996; Malato *y otros*, 2000) y la eficiencia fotónica global (Medina-Valtierra *y otros,* 2005) que relacionan la mineralización y la tasa de degradación inicial. Si bien estos métodos son útiles para comparar los procesos fotoquímicos con diferentes fotocatalizadores en las mismas condiciones experimentales, no proporcionan un método relativamente sencillo para establecer las eficiencias de los fotones con respecto a la cantidad de fotones absorbidos por el fotocatalizador.

Para disponer de un procedimiento fotocatalítico beneficioso para la remediación de los efluentes textiles, es conveniente que los efectos combinados de los oxidantes químicos y los fotocatalizadores inmovilizados tengan efectos cinéticos mensurables, ya que la degradación se ve favorecida por las altas concentraciones de OH- generadas en el proceso. Los estudios cinéticos diseñados en esta tesis tratan de los dos últimos requisitos previos. Esta cinética permite comparar la eficiencia de los procesos en los tratamientos fotocatalíticos de las aguas residuales textiles y evita la confusión en la literatura con los rendimientos cuánticos de la formación de pares de electrones y agujeros por las fuentes de luz dentro de las regiones espectrales de los rayos ultravioleta.

1.5 Objetivo y esquema de esta tesis

Los objetivos de este proyecto de investigación eran: 1) Investigar la viabilidad del proceso de fotocatálisis anaeróbica para la degradación de las aguas residuales textiles, con respecto a los mecanismos y factores de control de la velocidad de degradación, y el destino cinético de los tintes en el mismo sistema, 2) elaborar modelos predictivos para la reducción del color utilizando el proceso UV-H2O2FS-TiO2, y 3) evaluar el efecto combinado de la resistencia a la difusión de la película, el tiempo de retención del reactivo en la película fina de TiO2 y la eficiencia de la conversión en el reactor fotocatalítico de recirculación por lotes.

Tras examinar la literatura, se tomaron decisiones sobre el tipo de uso del proceso y la clase de colorante que se iba a investigar. Debido a la incertidumbre en la literatura sobre los mecanismos de la fotocatálisis en combinación con el H2O2, se decidió investigar la degradación fotocatalítica anaeróbica y la correspondiente decoloración en un laboratorio controlado
ambiente a fin de dilucidar los mecanismos responsables tanto de la decoloración como de la mineralización. Se requería que el amarillo ácido 36 (AY-36) fuera representativo de la clase de colorante ácido que se sabía que era problemática con respecto a la carga, la toxicidad y la tratabilidad.

En **el capítulo 1 se** examinan los conocimientos actuales sobre los procesos de oxidación avanzada (POA), incluida la aplicación de la fotocatálisis para la rehabilitación ambiental, como introducción a los estudios realizados en las aguas residuales textiles. Se han realizado varios estudios sobre la fotodegradación del AY-36 por diversos procesos que se presentan en el **capítulo 2**. En el **capítulo 3** se presenta la derivación de una medida cinética, la CPT, para la formación de pares electrón-hueco en la fotocatálisis y se cuantifica con precisión la susceptibilidad del croma en las aguas residuales textiles. Dentro de los mismos estudios, se utilizó un rango mucho más amplio de frecuencias UV. Los TPC del Capítulo **4 predijeron** los procesos fotocatalíticos primarios de la molécula del colorante, predijeron la resistividad de cada colorante a cualquier tipo de degradación y predijeron el efecto de las eficiencias y deficiencias de los fotones en las lámparas UV. Los CPT se clasificaron en **el Capítulo 5 en base a los tintes** individuales fortificados a las aguas residuales industriales reales para predecir su orden de degradación. En **el capítulo 6**, el COT se utilizó como medida cinética para describir los efectos combinados de la resistencia a la difusión de la película, el tiempo de retención y la eficiencia de la conversión en un TiO2 inmovilizado durante el proceso de fotocatálisis. La tesis concluye con el **capítulo 7**, que es un resumen de los trabajos experimentales presentados e incluye recomendaciones para futuras investigaciones.

1.6 Referencias

Acero, J.L.; Haderlein, S.B.; Schmidt, T.C.; Suter, M.J.-F. y von Gunten, U.: Oxidación del MTBE por ozonización convencional y la combinación ozono/peróxido de hidrógeno: eficiencia de los procesos y formación de bromato. **El medio ambiente. Sci. Technol.** 35(2001)4252-4259

Acero, J.L.; Stemmler, K. y von Gunten, U.: Cinética de degradación de la atrazina y sus productos de degradación con ozono y radicales $^{-OH}$: una herramienta de predicción para el tratamiento del agua potable. **El medio ambiente. Sci. Technol.** 34(2000)591-597

Adewuyi, Y.G. : Sonochemistry: ciencia ambiental y aplicaciones de ingeniería. **Ind. Ing. Química. Res.** 40(2001)4681-4715

Al-Ekabi, H.; Serpone, N.; Pelizzetti, E.; Minero, C.; Fox, M.A. , y Draper, R.B.: Estudios cinéticos en fotocatálisis heterogéneos. 2. Degradación mediada por Titania del 4-clorofenol solo y en una mezcla de tres componentes de 4-clorofenol, 2,4-diclorofenol y 2,4,5-triclorofenol en medios acuosos equilibrados con el aire. **Langmuir** 5(1989)250-255

Augugliaro, V.; Davi, E.; Palmisano, L.; Schiavello, M. y Sclafani, A. : Influencia del peróxido de hidrógeno en la cinética de fotodegradación del fenol en la dispersión acuosa de dióxido de titanio. **Appl. Catal.** 65(1990)101-116

Barbeni, M.; Minero, C.; Pelizzetti, E.; Borgarello, E. y Serpone, N.: Degradación química de clorofenoles con el reactivo de Fenton (Fe2+ + H2O2). **Quimiosfera** 16(1987)2225-2237

Barnes, C.; Foster, C.F. y Hrudey, S.E.: *Estudio sobre el tratamiento de aguas residuales industriales*. Industrias petrolíferas y químicas orgánicas (Vol. 2). Programa de Publicaciones Avanzadas de Pitman, 1992.

Bauer, R. y Fallmann, H.: La oxidación foto-Fenton - un método barato y eficiente de tratamiento de aguas residuales. **Res. Química. Intermedio.** 23(1997)341-354

Bauer, R. y Waldner, G.: La reacción foto-Fenton y el proceso de TiO2/UV para el tratamiento de aguas residuales - desarrollo novedoso. **Catalysis Today** 53(1999)131-144

Bedner, M.; MacCrehan, W.A. y Helz, G.R.: Producción de cloraminas macromoleculares mediante reacciones de transferencia de cloro. **El medio ambiente. Sci. Technol.** 38(2004)1753-1753

Bogatin, J.; Bondarenko, N. Ph.; Gak, E.Z.; Rokhinson, E.E. y Ananyev, I.P.: Tratamiento magnético del agua de riego: resultados experimentales y condiciones de aplicación. **El medio ambiente. Sci. Technol.** 33(1999)1280-1285

Bossmann, S.H.; Oliveros, E.; Göb, S.; Kantor, M.; Göppert, A.; Lei, L.; Yue, P.L. y Braum, A.M.: Degradación del alcohol polivinílico (PVA) por fotocatálisis homogénea y heterogénea aplicada a la reacción de Fenton fotoquímicamente mejorada. **Water Sci. Technol.** 44(2001)257-262

Buckley, C.A. : Tecnología de membranas para el tratamiento de efluentes de tintorerías. **Water Sci. Technol.** 25(1992)203-209

Burkinshaw, S.M.: Aplicaciones de los tintes. Dentro: Waring, D.R. , y Hallas, G.(Eds) La química y la aplicación de los tintes. Plenum Press, Nueva York, 1990.

Buxton, G.V.: Radiolisis de pulso de soluciones acuosas. La tasa de reacción de OH con OH-. **Trans. Faraday Soc.** 66(1970)1656-1660

Buxton, G.V.; Greenstock, C.L.; Helman, W.P. y Ross, A.B.: Revisión crítica de las constantes de velocidad para las reacciones de electrones hidratados, átomos de hidrógeno y radicales de hidroxilo ($\cdot$OH/$\cdot$O-) en solución acuosa. **J. Phys. Química. Ref. Datos** 17(1988)513-886

Calvo, M.E.; Candal, R.J. , y Bilmes, S.A.: Fotooxidación de mezclas orgánicas en películas de TiO_2 sesgadas. **El medio ambiente. Sci. Technol.** 35(2001)4132-4138

Carliell, C.M.: Degradación *biológica de los azocolorantes en un sistema anaeróbico*. MSc. Tesis, Departamento de Ingeniería Química, Universidad de Natal, 1993.

Chen, C.; Lei, P.; Ji. H.; Ma, W.; Zhao, J.; Hidaka, H. y Serpone, N.: Fotocatálisis por medio de dióxido de titanio y polioxometalato/cocatalizadores de TiO_2. Intermedios y estudio de la mecánica. **El medio ambiente. Sci. Technol.** 38(2004) 329-337

Chu, W. y Wong, C.C.: La degradación fotocatalítica de la dicamba en suspensiones de TiO_2 con la ayuda de peróxido de hidrógeno por diferentes irradiaciones cercanas a los UV. **Investigación sobre el agua** 38(2004)1037-1043

Colarusso, P. y Serpone, N.: Sonoquímica I - Efectos de los ultrasonidos en las reacciones químicas homogéneas y en la desintoxicación del medio ambiente. **Res. Química. Intermedio.** 22(1996)61-89

Cornish, B.J.P.A.; Lawton, L.A. y Robertson, P.K.J.: El peróxido de hidrógeno mejoró la oxidación fotocatalítica de la microcistina-LR utilizando dióxido de titanio. **Appl. Catal. B: Medio ambiente.** 25(2000)59-67

Cornu, C.J.G.; Colussi, A.J. y Hoffmann, M.R.: Rendimientos cuánticos de la oxidación fotocatalítica del formiato en suspensiones acuosas de TiO2 bajo iluminación continua y periódica. **J. Phys. Química. B** 105(2001)1351-1354

Cozzoli, P.D.; Fanizza, E.; Comparelli, R.; Curri, M.L.; Agostiano, A. y Laub, D.: Papel de las nanopartículas metálicas en la fotocatálisis microheterogénea basada en un nanocompuesto de TiO2/Ag. **J. Phys. Química. B** 108(2004)9623-9630

DawsonA. y Kamat, P.V.: Nanocompuestos metálicos semiconductores. Fusión fotoinducida y fotocatálisis de nanopartículas de TiO2 con capa de oro (TiO2/Oro). **J. Phys. Química. B** 105(2001)960-966

Destaillats, H.; Colussi, A.J.; Joseph, J.M. , y Hoffmann, M.R.: Efectos sinérgicos de la sonólisis combinada con la ozonólisis para la oxidación del azobenceno y el metilnaranja. **J. Phys. Química. A** 104(2000)8390-8935

Dignac, M.F.; Ginestet, P.; Ryback, D.; Bruchet, A.; Urbain, V. y Scribe, P.: Destino de la contaminación de las aguas residuales orgánicas durante el tratamiento de los lodos activados: naturaleza de la materia orgánica residual. **Investigación sobre el agua** 17(2000)4185-4194

Ding, Z.; Lu, G.Q. y Greenfield. P.F.: Papel de la fase cristalina del TiO2 en la fotocatálisis heterogénea para la oxidación del fenol en el agua. **J. Phys. Química. B** 104(2000)4815-4820

Dionysiou, D.D.; Suidan, M.T.; Bekou, E.; Baudin, I. y Laine, J.-M.: Efecto de la fuerza iónica y el peróxido de hidrógeno en la degradación fotocatalítica del ácido 4-clorobenzoico en el agua. **Appl. Catal. B: Medio ambiente.** 26(2000)153-171

Drijvers, D.; Van Langenhove, H. y Herrygers, V.: Sonolysis of fluoro-, cloro-, bromo- and iodobenzene: a comparative study. **Ultrasonido. Sonochem.** 7(2000)87-95

Drijvers, D.; van Langenhove, H.; Nguyen Thi Kim, L. y Bray, L.: Sonólisis de una mezcla acuosa de tricloroetileno y clorobenceno. **Ultrasonido. Sonochem.** 6(1999)115-121

Evgenidou, E. y Fytianos, K.: Fotodegradación de herbicidas de triazina en soluciones acuosas y aguas naturales. **J. Agric. Food Chem.** 50(2002)6428-6427

Fox, M.A. y Dulay, M.T.: Fotocatálisis heterogénea. **Química. Rev.** 93(1993)341-357.

Golfinopoulos, S. y Nikolaou, A.: Subproductos de la desinfección y compuestos orgánicos volátiles en el sistema de abastecimiento de agua de Atenas, Grecia. **J. Environ. Salud de la Cienca, Parte A** 36(2001)483-499

Hart, E.J.; Fischer, C.-H. y Henglein, A.: Pirólisis de acetileno en burbujas de cavitación sonolítica en solución acuosa. **J. Phys. Química.** 94(1990a)284-290

Hart, E.J.; Fischer, C.-H. y Henglein, A.: Sonolisis de hidrocarburos en solución acuosa. **Radiat. Física. Química.** 36(1990b)511-516

Helz, G.R.; Zepp, R.G. y Crosby, D.G. (Eds) Fotoquímica acuática *y de superficie;* CRC Press: Boca, Raton, FL, 1994; p 552

Hessel, C.; Allegre, C.; Maisseu, M.; Charbit, F. y Moulin, P.: Directrices y legislación para los efluentes de las casas de teñido: Revisión. **J. Environ. Management**, 2006, en prensa

Hisanaga, T.; Harada, K. y Tanaka, K.: Degradación fotocatalítica de los compuestos organoclorados en el TiO2 suspendido. **J. Photochem. Fotobiol. R: Química.** 54(1990)113-118

Hiskia, A.; Ecke, M.; Troupis, A.; Kokorakis, A.; Hennig, H. y Papaconstantinou, E.: Descomposición sonolítica, fotolítica y fotocatalítica de la atrazina en presencia de polioxometalatos. **El medio ambiente. Sci. Technol.** 35(2001)2358-2364

Hoffmann, M.R.; Martin, S.T.; Choi, W. y Bahnemann, D.W.: Aplicaciones ambientales de la fotocatálisis por semiconductores. **Química. Rev.** 95(1995)69-96

http://www.access.gpo.gov/cgi-bin/cfrassemble.cgi?title=200240 - consultado el 31/04/06, Wuxi, China

http://www.epa.vic.gov.au/Water/EPA/#Other - accedido el 01/01/2004, Wuxi, China

http://www.menv.gouv.qc.ca/indexA.htm - consultado el 04/06/06, Wuxi, China

http:www.ostc-was.org/environment/water.html#3.2.1 - accedido el 09/04/06, Wuxi, China

Hua, I. y Hoffmann, M.R.: Optimización de la irradiación ultrasónica como una tecnología de oxidación avanzada. **El medio ambiente. Sci. Technol.** 31(1997)2237-2243

Huber, M.M.; Canonica, S.; Park, G.-Y. y von Gunten, U.: Oxidación de productos farmacéuticos durante la ozonización y los procesos de oxidación avanzada. **El medio ambiente. Sci. Technol.** 37(2003)1016-1024

Huston, P. y Piganatelo, J.: Reducción de percloralcanos por el procedimiento de mineralización del radical carboxilato ferrioxalado por foto-Fenton. **El medio ambiente. Sci. Technol.** 30(1996)3457-3463

Hwang, S.-J.; Petucci, C. y Raftery, D.: Estudios de RMN en estado sólido *in situ de la* fotocatálisis de tricloroetileno: formación y caracterización de los intermediarios de superficie. **J. Am. Química. Soc.** 120(1998)4388-4397

Ince, N.H. y Gonenc, D.T.: Tratabilidad de un tinte azoico textil por UV/H2O2. **Tecnología ambiental** 18(1997)179-185

Jones, C.W.: *Aplicaciones del peróxido de hidrógeno y sus derivados.* Sociedad Real de Química: Cambridge (Inglaterra, 1999

Joseph, J.M.; Destaillats, H.; Hung, H.-M. y Hoffmann, M.R.: La degradación sicoquímica del azobenceno y de los colorantes azoicos relacionados: aumento de la tasa a través de las reacciones de Fenton. **J. Phys. Química. A** 104(2000)301-307

Kamat, P.V.: Transformaciones fotoinducidas en ensamblajes de nanocompuestos metálicos semiconductores. **Pura Química Aplicada.** 74(2002)1639-1706

Kamat, P.V. y Meisel, D.: Nanopartículas en procesos de oxidación avanzada. **Curr. Opinión. Interfaz de coloides Sci.** 7(2002)282-287

Kamat. P.V. y Meisel, D.: Nanoclusters de semiconductores - aspectos físicos, químicos y catalíticos. Dentro: *Estudios en ciencia de superficie y catálisis 103*; Kamat, P.V. y Meisel, D. (Eds). Elsevier: Amsterdam, 1997

Kim, S.; Geissen, S. y Vogelpohl, A.: Tratamiento de lixiviados de vertedero mediante reacción Fenton fotoasistida. **Wat. Ciencia y Tecnología.** 35(1997)239-248

Komulainen, H.: Estudios experimentales de cáncer de los subproductos clorados. **Toxicología** 198(2004)239-248

Kotronarou, A.; Mills, G. y Hoffmann, M.R.: Irradiación ultrasónica de p-nitrofenol en solución acuosa. **J. Phys. Química.** 95(1991)3630-3638

Lagadec, A.J.M.; Miller, D.J.; Lilke, A.V. y Hawthorne, S.B.: Remediación de aguas subcríticas a escala piloto de suelos policíclicos aromáticos contaminados con hidrocarburos y pesticidas. **El medio ambiente. Sci. Technol.** 34(2000)1542-1548

Li Puma, G. y Yue, P.L.: Un novedoso reactor fotocatalítico de fuente para el tratamiento y purificación del agua: modelado y diseño. **Ind. Eng. Química. Res.** 40(2001)5162-5169

Li Puma, G. y Yue, P.L.: Oxidación fotocatalítica de clorofenoles en sistemas de un solo componente y multicomponente. **Ind. Eng. Química. Res.** 38(1999)3238-3245

Li, X.; Cubbage, J.W. y Jenks, W.S.: Variación en la química de la degradación mediada por

TiO2 de los hidroxi y metoxibencenos: la transferencia de electrones y la química iniciada por los HO-ads. **J. Photochem. Fotobiol. A: Química.** 143(2001)69-85

Liu, G.; Li, X.; Zhao, J.; Hidaka, H. y Serpone, N.: Vía de fotooxidación de la sulforodamina B. Dependencia del modo de adsorción del TiO2 expuesto a la radiación de luz visible. **El medio ambiente. Sci. Technol.** 34(2000)3982-3990

Makino, K.; Mossoba, M.M. y Riesz, P.: Efectos químicos de los ultrasonidos en las soluciones acuosas. Formación de radicales de hidroxilo y átomos de hidrógeno. **J. Phys. Química.** 87(1983)1369-1377

Malato, S.; Blanco, J.; Richter, C. y Maldonado, M. I.: Optimización de la mineralización fotocatalítica solar preindustrial de los pesticidas comerciales. Aplicación al reciclaje de envases de plaguicidas. **Appl. Catal. B: Medio ambiente.** 25(2000)31-38

Matthews, R.W.: Degradación fotooxidativa de los orgánicos coloreados en el agua utilizando catalizadores de apoyo. TiO2 en la arena. **Investigación sobre el agua** 25(1991)1169-1176

Medina-Valtierra, J.; Moctezuma, E.; Sánchez-Cárdenas, M. y Frausto-Reyes, C.: Eficiencia fotónica global para la degradación de los fenoles y la mineralización en la fotocatálisis heterogénea. **J. Photochem. Fotobiol. R: Química.** , 174(2005)246-252

Namboodri, C.G. y Walsh, W.K.: Sistema de luz ultravioleta/peróxido de hidrógeno para decolorar las aguas residuales de los baños de tintura reactivos agotados. *American Dyestuff Reporter*, 1996

Nikolaou, A.D.; Golfinopoulos, S.K.; Arhonditsis, G.B.; Kolovoyiannis, V. y Lekkas, T.D.: Modelización de la formación de subproductos de la cloración en aguas fluviales de diferente calidad. **Quimiosfera** 55(2004)409-420

Ollis, D.F. y Al-Ekabi, H.: *Purificación y tratamiento fotocatalítico del agua y el aire.* Vol. 3. Elsevier: Amsterdam, 1993

Oslo y París Comisiones. : Recomendación 94/5 de la PARCOM relativa a las mejores técnicas disponibles y las mejores prácticas ambientales para los procesos húmedos en la industria textil. Decisiones *y recomendaciones de las Comisiones de Oslo y París*, 1995, p 78-102

Pelizzetti, E.; Maurino, V.; Minero, C.; Carlin, V.; Tosata, M.L. y Pramauro, E.: Degradación fotocatalítica de la atrazina y otros herbicidas de triazina. **El medio ambiente. Sci. Technol.** 24(1990)1559-1565

Pelizzetti, E.; Minero, C.; Borgarello, E.; Tinucci, L. y Serpone, N.: Actividad fotocatalítica y selectividad de coloides de titanio y partículas preparadas por la técnica sol-gel: fotooxidación de fenol y atrazina. **Langmuir** 9(1993)2995-3001

Peller, J.; Wiest, O. y Kamat, P.V.: El papel de los radicales de hidroxilo en la remediación de un herbicida común, el ácido 2,4-diclorofenoxiacético (2,4-D). **J. Phys. Química. A** 108(2004)10925-10933

Peller, J.; Wiest, O. y Kamat, P.V.: Sonolisis del ácido 2,4-diclorofenoxiacético en soluciones acuosas. Evidencia de degradación mediada por radicales OH. **J. Phys. Química. A** 105(2001)3176-3181

Peller, J.; Wiest, O. y Kamat, P.V.: Sinergia de la combinación de sonólisis y fotocatálisis en la degradación y mineralización de compuestos aromáticos clorados. **El medio ambiente. Sci. Technol.** 37(2003)1926-1932

Pérez, M.; Torrades, F.; Domènech, X. y Peral, J.: Eliminación de contaminantes orgánicos en los efluentes de la pulpa de papel por los AOP: un estudio económico. **J. Chem. Technol. Biotecnología.** 77(2002)525-532

Petrier, C.; Jiang, Y. y Lamy, M.-F. : Ultrasonido y medio ambiente: destrucción sicoquímica de los derivados cloroaromáticos. **El medio ambiente. Sci. Technol.** 32(1998)1316-1318

Pramauro, E.; Bianco Prevot, A.; Vincenti, M. y Brizzolesi, G. : Degradación fotocatalítica del carbaril en soluciones acuosas que contienen suspensiones de TiO2. **El medio ambiente. Sci. Technol.** 31(1997)3126-3131

Richardson, S.D.; Thruston, A.D., Jr.; Collette, T.W.; Patterson, K.S.; Lykins, B.W., Jr.; y IrlandaIdentificación de subproductos de la desinfección con TiO2/UV en el agua potable. **El medio ambiente. Sci. Technol.** 30(1996)3327-3334

Rositano, J.; Nicholson, B.C. y Pieronne, P.: Destrucción de las toxinas de las cianobacterias por el ozono. **Ozono Cientifico. Engendrado.** 20(1998)223-238

Ruppert, R. y Bauer, R.: La reacción foto-Fenton, un efectivo proceso de tratamiento fotoquímico de aguas residuales. **J. Photochem. Fotobiol. A: Química.** 73(1993)75-78

Saltmiras, D.A. y Lemley, A.T.: Degradación de la tiourea etilénica (ETU) con tres procesos de tratamiento Fenton. **J. Agric. Food Chem.** 48(2000)6149-6157

Serpone, N. y Colarusso, P.: Sonoquímica I. Efectos de los ultrasonidos en las reacciones químicas heterogéneas. Una herramienta útil para generar radicales y examinar los mecanismos de reacción. **Res. Química. Intermedio.** 20(1994)635-679

Serpone, N. y Pelizzetti, E. : *Fotocatálisis: fundamentos y aplicaciones*. Wiley-Interscience: Nueva York, 1989

Serpone, N.; Sauvé, G.; Koch, R.; Tahiri, H.; Pichat, P.; Piccinini, P.; Pelizzetti, E. e Hidaka, H.: Protocolo de normalización de las eficiencias de los procesos y los parámetros de activación en la fotocatálisis heterogénea: eficiencias fotónicas relativas ζr. **J. Photochem. Fotobiol. R: Química.** 94(1996)191–203

Shigwedha, N.; Hua, Z. y Chen, J.: Inmovilizar el TiO2 permite que el H2O2 esté presente al principio y mejora la fotodegradación del amarillo ácido 36 (AY-36). **J. Chem. Eng. Japón**, 39(2006)475-480

Shu, H.; Huang, C. y Chang, M.: Decoloración de los tintes de mono-azo en las aguas residuales por procesos de oxidación avanzada: un estudio de caso de Acid Red 1 y Acid Yellow 23. **Quimiosfera** 29(1994)2597-2607

Stock, N.L.; Peller, J.; Vinodgopal, K. y Kamat, P.V.: Sonolisis y fotocatálisis combinadas para la degradación de los tintes textiles. **El medio ambiente. Sci. Technol.** 34(2000)1747-1750

Sundstrom, D.W.; Weir, B.A. y Klei, H.E.: Destrucción de contaminantes aromáticos por oxidación catalizada por luz UV con peróxido de hidrógeno. Progreso **ambiental** 8(1989)6-11

Tahiri, H.; Serpone, N. y van Mao, R.L.: Aplicación del concepto de eficiencias fotónicas relativas y caracterización de la superficie de un nuevo fotocatalizador de titanio diseñado para la recuperación ambiental. **J. Photochem. Fotobiol. A: Química.** 93(1996)199-203

Terzian, R.; Serpone, N.; Minero, C. y Pelizzetti, E.: Mineralización fotocatalítica de cresoles en medio acuoso con titanio irradiado. **J. Catal.** 128(1991)352-365

Tetzlaff, T.A. y Jenks, W.S.: Estabilidad del ácido cianúrico a la degradación fotocatalítica. **Org. Lett.** 1(1999)463-466

Tobien, T.; Cooper, W.J.; Nickelsen, M.G.; Pernas, E.; O'Shea, K.E. y Asmus, K.-D. : Control de olores en el tratamiento de aguas residuales: la eliminación del tioanisol del agua - un estudio de caso modelo mediante la radiolisis por pulsos y el tratamiento por haz de electrones. **El medio ambiente. Sci. Technol.** 34(2000)1286-1291

Trotman, E.R.: Lavado y blanqueado de textiles, Charles Griffin and Company Ltd, Londres, 1968

Vinodgopal, K.; Bedja, I. y Kamat, P.V.: Películas semiconductoras nanoestructuradas para fotocatálisis. Comportamiento fotoelectroquímico de los sistemas compuestos de SnO2/TiO2 y su papel en la degradación fotocatalítica de un tinte azoico textil. **Química. Madre.** 8(1996)2180-2187

Vinodgopal, K.; Peller, J.; Oksana, M. y Kamat, P.V.: Mineralización ultrasónica de un colorante azoico reactivo para textiles, remazol negro B. **Water Res.** 32(1998)3646-3650

Vinodgopal, K.; Stafford, U.; Gray, K.A. y Kamat, P.V.: Fotocatálisis asistida electroquímicamente. 2. El papel del oxígeno y los intermediarios de la reacción en la degradación del 4-clorofenol en películas de partículas de TiO2 inmovilizadas. **J. Phys. Química.** 98(1994)6797-6803

Weavers, L.K.; Malmstadt, N. y Hoffmann, M.R.: Cinética y mecanismo de degradación del pentaclorofenol por sonicación, ozonización y ozonización sonolítica. **El medio ambiente. Sci. Technol.** 34(2000)1280-1285

Werner, R.H. y David, C.C.: Constantes de velocidad para la reacción de los radicales de hidroxilo con varios contaminantes del agua potable. **El medio ambiente. Sci. Technol.** 26(1992)1005-1013

Xu, X.R; Wang, W.H. y Li, H.B.: Investigación sobre aguas residuales orgánicas por oxidaciones homogéneas: una revisión. **El medio ambiente. Informe** 4(1998)7-10 (en chino)

Yamazaki, S.; Tanimura, T.; Yoshida, A. y Hori, K.: Mecanismo de reacción de degradación fotocatalítica de etilenos clorados en pellets porosos de TiO2: Mecanismo iniciado por los radicales de Cl. **J. Phys. Química. A** 108(2004)5183-5188

Yang, Y.; Wyatt, D.T., II. y Bahorshky, M.: Decoloración de los tintes mediante oxidación fotoquímica UV/H2O2. *Químico* **textil y colorista** 30(1998)27-35

Zepp, R.G.; Faust, B.C. y Holgne, J.: Formación de radicales de hidroxilo en reacción acuosa. El **medio ambiente. Sci. Technol.** 26(1992)313-319

2

INMOVILIZAR EL TIO2 PERMITE QUE EL H2O2 ESTÉ PRESENTE AL INICIO Y MEJORA LA FOTODEGRADACIÓN DEL AMARILLO ÁCIDO 36 (AY-36)

Este capítulo se ha publicado en el Journal of Chemical Engineering del Japón 39(2006)475-480

2.1 Introducción

El tratamiento de los efluentes de aguas residuales de tintorería usadas es uno de los problemas globales más desafiantes debido a las cuestiones ecotoxicológicas, las condiciones estéticas y el impacto de esas aguas residuales en las corrientes receptoras. La solución y el remedio radican en el desarrollo de tecnologías limpias nuevas y eficientes. El amarillo ácido 36 (AY-36) fue seleccionado para los experimentos de los procesos de oxidación avanzada (AOPs) debido a su presencia en las aguas residuales de varias industrias como la textil, curtiduría, papel, jabón, cosméticos, pulimentos, cera, cuero, etc. Es un colorante mono-azo. Se ha informado de su toxicidad y su carácter cancerígeno. También se ha notificado la toxicidad aguda del AY-36 para *Heteropneustes fossilis* (Goel y Gupta, 1995; Malik, 2003). Además de la mortalidad, otros efectos adversos del AY-36 en los peces de prueba incluyeron pérdida de peso corporal, cambios en los colores del cuerpo, inquietud y movimientos bruscos y aleatorios. La estructura química del AY-36 se presenta en la figura 2-1. Los colorantes azoicos ocupan el segundo lugar, después de los polímeros, en cuanto al número de nuevos compuestos presentados para su registro en la Estados Unidos en virtud de la Ley de Control de Sustancias Tóxicas (Brown y DeVito, 1993).

La alternativa más viable es convertir los compuestos del efluente tóxico en compuestos inofensivos (Weber y LeBoeuf, 1999).

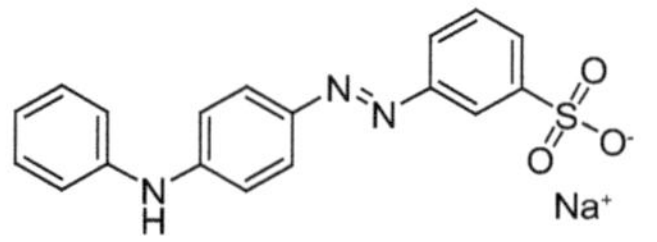

Figura 2-1: Estructura química del amarillo ácido 36 (C.I.13065): C18H14N3NaO3S.

Los POA basados en UV-H2O2 han mostrado una degradación de alta eficiencia de varios compuestos de relevancia ambiental (Benitez *et al.* , 2000; Galindo y Kalt, 1999; Kunz *et al.*, 2002). Para ello, se ha considerado durante 25 años la fotocatálisis en la que la irradiación en banda como microrreactor para la reducción y oxidación simultáneas, porque las especies tóxicas recalcitrantes pueden convertirse en un corto tiempo de reacción (Hoffmann *y otros,* 1995; Linsebigler *y otros*, 1995; Mills y Le Hunte, 1997; Hufschmidt y *otros,* 2004). Hasta la fecha, se ha explorado la fotodegradación por sistemas heterogéneos utilizando semiconductores metálicos suspendidos de luz ultravioleta. Aunque el H2O2 no suele añadirse a la fotocatálisis cuando se añade H2O2 después de que el proceso haya comenzado, la eficiencia aumenta aún más (Kiwi, 1994). Sin embargo, un problema de este método es separar el semiconductor de la liberación de efluentes. Esto hace que las mediciones de la cantidad de conversiones sean problemáticas. Además, la preocupación por la recombinación y la competencia de las bandas de electrones retrasa la introducción del H2O2. De esta manera, el semiconductor metálico fue inmovilizado como una fina película dentro del reactor fotocatalítico. La inmovilización del fotocatalizador y el uso de H2O2FS hace que las mediciones sean simples y las conversiones totales constantes.

En este capítulo, se desarrolló un sistema UV-H2O2FS-TiO2 que utiliza un reactor fotocatalítico de flujo anular para la decoloración y la mineralización de los azocolorantes. El resultado deseado de este sistema supone una ventaja para las industrias textiles en lo que respecta a la tecnología de oxidación avanzada más eficaz y eficiente para el tratamiento de una gran cantidad de aguas residuales.

2.2 Procedimientos experimentales

2.2.1 Inmovilización del dióxido de titanio

En esta tesis, el TiO2 fue inmovilizado en una película delgada como se muestra en la Figura 2-2 y hacer la investigación sobre la catalización y oxidación de las aguas residuales textiles en presencia de una concentración atómica de H2O2 desde el principio (H2O2FS). La preparación del polvo de TiO2, la solución de recubrimiento de TiO2 y el recubrimiento de la superficie interior de un tubo de vidrio Pyrex con una película fina de TiO2 se preparó de la siguiente manera:

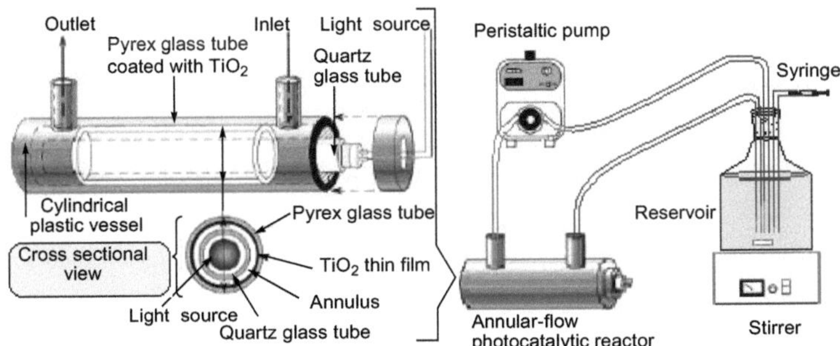

Figura 2-2: Reactor fotocatalítico de flujo anular y su sistema de recirculación de lotes

2.2.1.1 Preparación de polvo amorfo de TiO2

El polvo amorfo de TiO2 se preparó de la siguiente manera (Matsuo *et al.*, 1990):

1) El tetra-isopróxido de titanio (TIP) y el metanol, 2-propanol (IPA) se mezclaron en una proporción molar de 1:5 (por ejemplo, 29,69 g de TIP/31,39 g de IPA) a 5°C durante 2 h.

(2) A esta solución se le añadió lentamente una solución acuosa de IPA a una proporción molar de 5:4 (por ejemplo, 31,39 g de IPA y 7,53 g de agua ultrapura) durante más de 10 minutos y la solución resultante, compuesta de TIP, IPA y H2O a una proporción molar de 1:10:4, se mezcló durante 4 h; en consecuencia, se obtuvo una solución de color blanco que contenía partículas finas amorfas de TiO2.

(3) La solución de color blanco fue filtrada bajo succión, y la torta de partículas amorfas de TiO2 que quedaba en el filtro se secó a 100°C durante 5 h, a veces rompiéndose en pedazos con un pequeño martillo.

(4) Después de ser suficientemente machacado en un mortero, el polvo de TiO2 resultante se secó a 100°C durante 15 h.

(5) El polvo fino amorfo de TiO2 así preparado se mantuvo en un desecador con gel de sílice hasta su próximo uso.

2.2.1.2 Preparación de una solución de recubrimiento de TiO2

Se preparó una solución de recubrimiento de TiO2 de la siguiente manera (Wang *y otros*, 2002; Matsuo *y otros,* 1990; Xu y Shiraishi, 1999, Wang y Shiraishi, 2002; Fukinbara *y otros*, 2001; Fukinbara y Shiraishi, 2001):

1) El polvo amorfo de TiO2 se añadió a una solución acuosa de H2O2 al 30% (un volumen de 2,0 × 10-5 ^{m3} por un gramo de polvo de TiO2) y se mezcló bien a 25°C durante 2 h; el polvo de TiO2 se disolvió así totalmente en la solución acuosa con burbujas generadoras.

(2) La mezcla se dejó reposar hasta la gelatinización a temperatura ambiente.

3) La solución gelatinizada se redisolvió mediante la adición de una solución acuosa de H2O2 al 30% (un volumen de 1,2 × 10-4 ^{m3} por un gramo de TiO2) y se mezcló a 25°C durante 12 h.

(4) Esta solución se dejó reposar durante unas 50 h hasta que la generación de burbujas se detuvo.

(5) La solución transparente de TiO2 de color amarillo pálido así obtenida se utilizó como solución de recubrimiento. Ya que esta solución se gelatinizó fácilmente después de un período de

tiempo, y se redisolvió antes de su uso mediante la adición de una pequeña cantidad de solución de H2O2.

2.2.1.3 Recubrimiento de la superficie interior de un tubo de vidrio con una fina película de TiO2

La superficie interior de un tubo de vidrio se recubrió con una fina película de TiO2 de acuerdo con el siguiente procedimiento (Wang *y otros*, 2002; Matsuo *y otros,* 1990; Xu y Shiraishi, 1999, Wang y Shiraishi, 2002; Fukinbara *y otros*, 2001; Fukinbara y Shiraishi, 2001).

(1) Un tubo de vidrio Pyrex (28,5 mm de diámetro interior, 1,8 mm de espesor de pared y 140 mm de largo) fue lavado ultrasónicamente en IPA durante 3 min, enjuagado en agua destilada hirviendo y secado a 100°C.

(2) La solución de recubrimiento de TiO2 se aplicó uniformemente a la superficie interior del tubo de vidrio con un pincel, y este tubo de vidrio se calentó a 400°C durante 30 min. El mismo procedimiento se repitió cuatro veces.

(3) Después de una aplicación más de la solución de recubrimiento, el tubo de vidrio se calentó a 500°C durante 1 h. En consecuencia, se obtuvo un tubo de vidrio cuya superficie interior estaba recubierta con una fina película transparente de anatasa TiO2.

2.2.2 Método de operación fotocatalítica

El reactor fotocatalítico, un depósito y una bomba peristáltica (BT00600M-; Lange Electric Co.) se conectaron en un bucle como se ilustra en la Figura 2-2. Se vertió en el depósito una solución acuosa de 400 ml de colorante AY-36 (Sigma-Aldrich Co.) preparada a una concentración de 50 mg/L y 1 ml de H2O2 (Shanghai Chemicals Reagents Co.) y luego se recirculó a un flujo de 1 L/min en el sistema cerrado de recirculación de lotes. Las soluciones acuosas de tinte se recircularon primero en la oscuridad durante 5 min. Este fue el tiempo suficiente para alcanzar una adsorción equilibrada de AY-36 en la delgada película de TiO2 inmovilizada dentro de un reactor. No se suministró gas de oxígeno al sistema. La reacción se inició entonces encendiendo la lámpara UV (GL-6 W, $\lambda = 254$; Sankyo Electric Co.) en el reactor. El agua desionizada se usó en todos los corrales. El efecto de la temperatura fue insignificante. La preparación del polvo de TiO2, la solución de recubrimiento de TiO2 y el recubrimiento de la superficie interior de un tubo de vidrio Pyrex con la película fina de TiO2 se prepararon como se describe en la sección 2.2.1 de esta tesis.

2.2.3 Análisis

Los patrones de fotodegradación del AY-36 fueron medidos por un espectrofotómetro UV-Vis (2450, Shimadzu: Corp.). La eficiencia fue evaluada por las reducciones de TOC, usando un

analizador liquiTOC (Elementar Co.). La mineralización de las soluciones acuosas se determinó por HPLC (1100, Agilent Technologies, Inc.), de acuerdo con las siguientes condiciones instrumentales: Columna: C8 (150 x 3,9); Fase: metanol (CH_3OH): agua: (80:20) (v/v)); Temp.: 30°C; Velocidad de flujo: 1 mL/min; detector UV-DAD: 440 nm.

Los análisis de color se realizaron después de retirar la muestra durante 75 minutos a intervalos de 15 minutos. Para las mediciones espectrofotométricas, se eligió una longitud de onda de absorción máxima de 438 nm. Los pH de las muestras no se ajustaron a ningún valor (razón que se dará más adelante). El exceso de H_2O_2 encontrado en el sistema fue diagnosticado por un método enzimático de reciente introducción (Shiraishi *et al.* , 2003) utilizando un reactivo analítico disponible en el mercado (Prueba de glucosa B Wako, Wako Pure Chemical Industries, Ltd.).

2.3 Resultados y discusión

La figura 2-3 muestra los espectros UV-Vis dependientes del tiempo del AY-36 después de varios minutos de tratamiento. Las tasas de fotodegradación hasta los 450 min. de la figura 2-3(a) se deben principalmente al TiO2 inmovilizado. Este último se evaluó retirando el vidrio TiO2 Pyrex en las mismas condiciones experimentales y se comparó con un control. En la figura 2-3 b) se muestran las limitadas tasas de fotodegradación, que alcanzan sus máximas tasas de degradabilidad en 360 min y no se registró ningún aumento posterior.

La anatasa, TiO2 (*Ebg* ~3,2 eV), el material con la mayor eficiencia de desintoxicación fotocatalítica, es un semiconductor de banda ancha. Así pues, sólo la luz por debajo de 400 nm se absorbe y es capaz de formar pares electrón-hueco que son un requisito previo para el proceso fotocatalítico (Dillert y Bahnemann, 1994). Sus propiedades inertes, su bajo costo y su eficacia han dado lugar a investigaciones continuas en este campo (Peller *et al.*, 2004). El

H2O2FS (*E0* = 1,78 V) sirve como iniciador de las reacciones radicales, y como fuente de oxígeno, y acelera los procesos de fotodegradación.

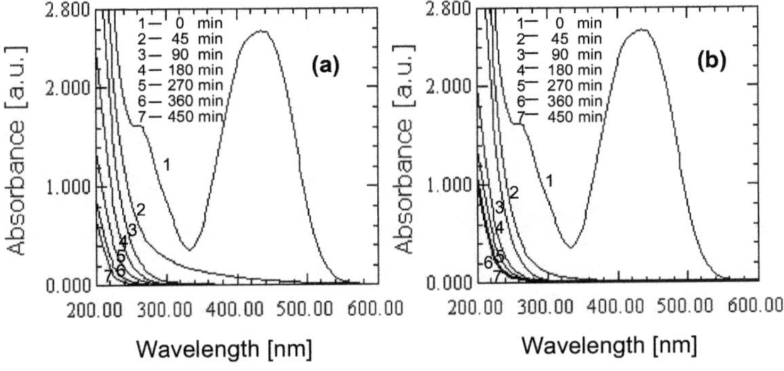

Figura 2-3: Espectro de absorción del AY-36 (50 mg/L).
(a): UV-H2O2FS-TiO2 ; (b): UV-H2O2FS

En la Figura 2-4, también se puede observar que el proceso de fotodegradación, medido como la reducción del contenido de COT, se ve facilitado muy rápidamente por el TiO2, alcanzando una relación de degradación superior al 90% en un tiempo de reacción de 450 min. El sistema UV-H2O2FS indujo una degradación de aproximadamente el 60%, mientras que la acción de la UV sola o la combinación de UV y TiO2 no mostró ninguna capacidad de degradación significativa. El hecho de que no se observaran reducciones de COT en los dos últimos procesos confirma el papel vital del H2O2FS y sugiere la existencia de mecanismos que implican directamente su participación.

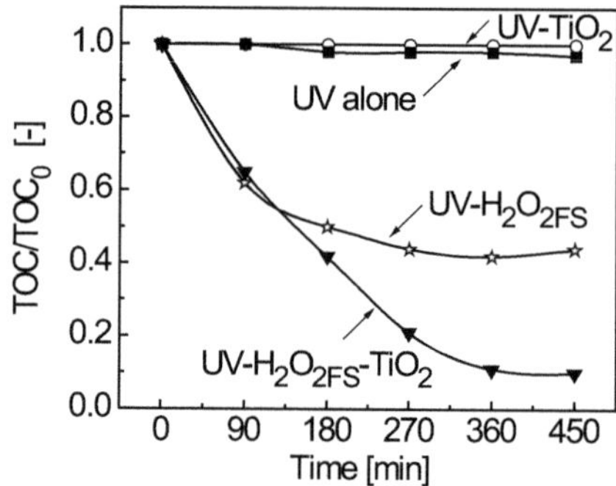

Figura 2-4: Reducciones de TOC por aplicación de los procesos estudiados

La mineralización de las muestras acuosas coloreadas fue casi completa para el sistema UV-H2O2FS-TiO2 en los primeros 45 minutos, como se muestra en el gráfico HPLC de la Figura 2-5(a). Sin embargo, el sistema UV-H2O2FS ha degradado los componentes superiores del colorante en 90 min (Figura 2-5(b). Curiosamente, los dos sistemas podían generar los radicales hidroxilo (HO-) a partir de sus sistemas, pero podían producir productos diferentes, lo que indicaba una heterofodegradación.

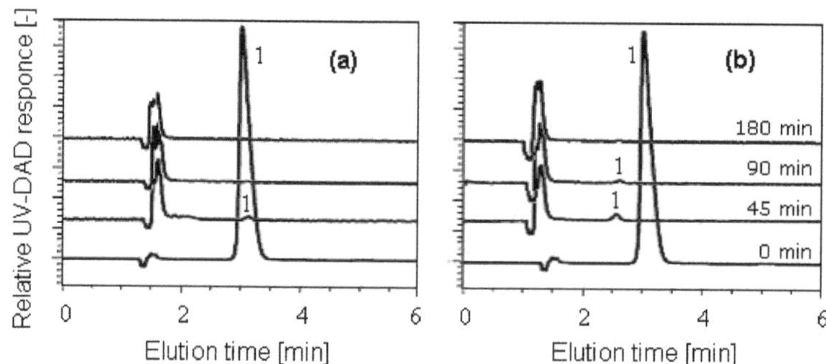

Figura 2-5: Espectro de HPLC del AY-36 (50 mg/L). (a): UV-H2O2FS-TiO2 ;
(b): UV-H2O2FS; 1: Pico de AY-36

La figura 2-6 presenta la decoloración de las soluciones de AY-36 por los procesos estudiados después de 75 min de tratamiento. Teniendo en cuenta la recombinación de los agujeros de los electrones, esto se realizó para determinar cuál de los dos sistemas podría eliminar el color más rápido. Las soluciones coloreadas se decoloraron rápidamente durante los primeros 30-60 min por el sistema UV-H2O2FS; pero se igualaron con el sistema UV-H2O2FS-TiO2 en los siguientes 15 min.

Como se ha observado en todos nuestros experimentos, la presencia de TiO2 reaccionó lentamente desde el principio. La intensidad del color del AY-36 adsorbido en la capa delgada de TiO2 puede ser considerada como una razón. Además, la absorción de un fotón en el TiO2 inmovilizado como segundo paso contribuye a este proceso de degradación de los fotoquímicos-catalizadores antes de la absorción. Otros- iones del AY36- (sulfatos, sodio, etc.) también es probable que se adsorban a la fina película de TiO2, poniéndola así en estrecho contacto con el HO· ($E0 = 2{,}80$ V). Sin embargo, esto supone que esos iones también contribuyen a la ralentización del proceso primario del AY-36. En presencia de H2O2FS, la fotocatálisis conduce a la generación de pares de electrones-agujero que sufren reacciones redox posteriores (Ec. (2.1)).

$$TiO_2(e_{CB}^- + h_{VB}^+) \xrightarrow{\text{H}_2\text{O}_{2FS}} \text{redox reaction} \tag{2.1}$$

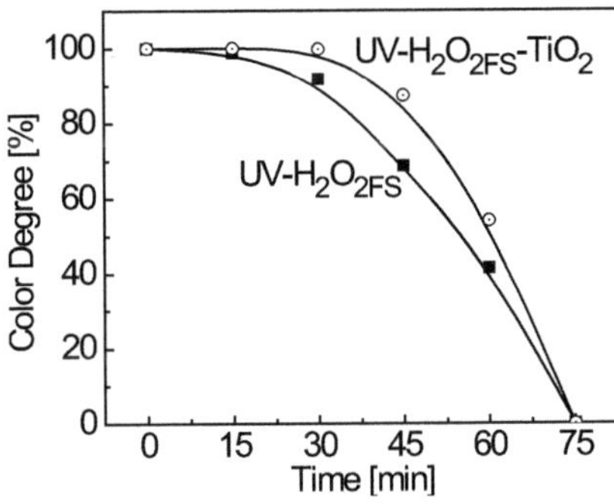

Figura 2-6: Experimentos de competencia de decoloración del tinte AY-36 soluciones por procesos estudiados: Ao -At / Ao × 100

Es importante destacar que, como se muestra en la Figura 2-4, los sistemas UVTiO2 y UV solamente no causan ninguna capacidad de fotodegradación significativa. Este hecho también fue confirmado por el uso de la HPLC y la espectrofotometría UV-Vis. Por consiguiente, se descuidaron sus mecanismos. La reducción latente del contenido de TOC en el caso de UV-TiO2 parece ser un resultado inexplicable. Sin embargo, si consideramos que la fotocatálisis se ha hecho en condiciones anaeróbicas, no se podría fotogenerar un par de agujeros de electrones continuos. La formación de radicales catiónicos del sustrato AY-36, después de una transferencia de electrones de éste a la delgada película excitada de TiO2 en ausencia de H2O2FS, se está caracterizando a partir del contenido de TOC del sistema UV-TiO2.

Por lo tanto, el efecto de la UV-TiO2 o de la luz ultravioleta por sí sola no podría someterse a ningún mecanismo de fotocatálisis de transferencia de carga para la formación de HO-. La reducción del COT del AY-36 en el sistema UV-H2O2FS puede explicarse debido a su reacción con el HO- producido por la fotólisis del agua (Ec. (2.2); Kunz *et al.*, 2002). En el caso del sistema UV-H2O2FS-TiO2, los agujeros atrapados dentro del TiO2 (Ec. (2.3); Bahnemann, 1999) pueden inducir directamente la oxidación o pueden sufrir transferencia de carga con la molécula de agua absorbida, conduciendo en última instancia a la formación de radicales de hidroxilo (Ec. (2.4)), los cuales pueden extraer un átomo de hidrógeno de los enlaces débiles C-H y reaccionar con múltiples enlaces, incluyendo reacciones con el sistema aromático. El

Se cree que el mejor rendimiento del TiO2 inmovilizado es el resultado de estos ataques de agujeros mediadores y fotogenerados HO. Además, los agujeros también pueden sufrir transferencia de carga con especies de hidróxido ligadas a la superficie, formando en última instancia el HO- (Ec. (2.5); Kiwi, 1994; Peller *et al.*, 2004). Por el contrario, se sabe que en presencia tanto de gas O2 disuelto como de H2O2 (Singh *et al.*, 2003), los electrones fotogenerados pueden ser recuperados. Por lo tanto, la recombinación de los agujeros de los electrones en presencia de H2O2FS y gas O2 disuelto parece ser controlable dentro de la delgada película de TiO2 inmovilizada.

$$H_2O + hv \xrightarrow{\lambda=254\ nm} H^{\bullet} + HO^{\bullet} \tag{2.2}$$

$$2H_2O + 2h_{VB}^{+} \rightarrow H_2O_2 + 2H^{+} \tag{2.3}$$

$$H_2O_2 + e_{CB}^{-} \rightarrow HO^{\bullet} + OH^{-} \tag{2.4}$$

$$h_{VB}^{+} + OH^{-} \rightarrow HO_{surf}^{\bullet} \tag{2.5}$$

La formación y descomposición del extra H2O2 en presencia de H2O2FS se ilustra en la Figura 2-7. La concentración alícuota de H2O2FS antes de la irradiación era de $0,245 \times 10^{-1}$ mol L-^{1}. La formación de extra H2O2 puede explicarse según un Modelo Cinético del "Hombre Pobre" (Dillert y Bahnemann, 1994) siguiendo la formación de O2-- *vía la Ec.* (2.6). El extra-H2O2 es incuestionablemente el resultado de una reducción posterior (Ec. (2.7)). En el TiO2 inmovilizado, la Ec. (2.3) se confirmó que apoya la formación de extra-H2O2.

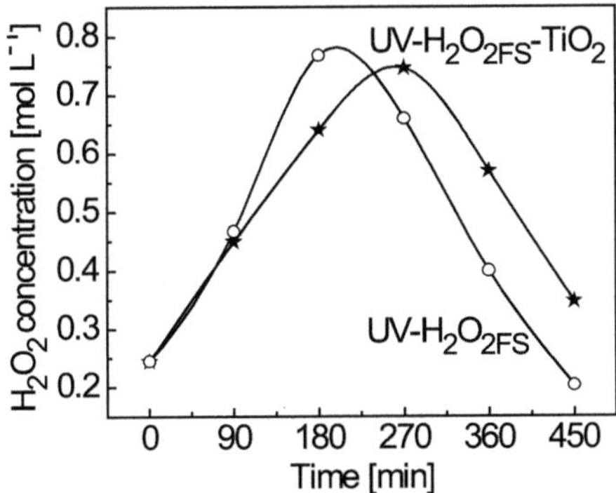

Figura 2-7: Cursos de tiempo de las concentraciones de extra-H2O2

formado durante la fotodegradación del AY-36

Se considera que la descomposición fotocatalítica y fotolítica del H2O2 ocurre en paralelo con la formación de H2O2. La primera descomposición procede según las Ecs. (2.4) y (2.8), y la última descomposición procede bajo irradiación con luz UV según la Ec. (2.9). Además, los resultados experimentales de la fotólisis UV del H2O2 (Guittonneau *et al.* , 1988) sugirieron las ecuaciones (2.10) y (2.11) para la fotólisis del H2O2 en una solución acuosa.

$$O_2 + e^- \rightarrow O_2^{\bullet -} \tag{2.6}$$

$$e^- + O_2^{\bullet -} + 2H^+ \rightarrow H_2O_2 \tag{2.7}$$

$$H_2O_2 + O_2^{\bullet -} \rightarrow HO^\bullet + OH^- + O_2 \tag{2.8}$$

$$H_2O_2 \xrightarrow{h\nu} HO^\bullet \tag{2.9}$$

$$HO^\bullet + H_2O_2 \rightarrow HO_2^\bullet + H_2O \tag{2.10}$$

$$HO^\bullet + HO_2^\bullet \rightarrow H_2O + O_2 \tag{2.11}$$

La figura 2-8 mostró los cambios en el pH del TiO2 inmovilizado y lo comparó con el sistema UV-H2O2FS. Los resultados muestran un considerable aumento del pH de forma aproximadamente lineal de 3,02 a 4,25; mientras que en ausencia de TiO2, el pH aumentó drásticamente a 4,00 durante los primeros 270 minutos, y luego bajó a 3,65 al final de la reacción. La descomposición de la acidez del AY-36 en el TiO2 inmovilizado se confirma por este aumento constante del pH. En los tratamientos prácticos, los AOP tienen características de alta eficiencia y fuerte capacidad de oxidación, pero su control del pH es costoso. Generalmente, el rango de pH aplicado a las aguas residuales es estrecho (2,5-5,5). Sin embargo, debido a que el pH de las soluciones acuosas de AY-36 tratadas en este trabajo cae en ese rango, no hubo necesidad de ajustar el valor del pH.

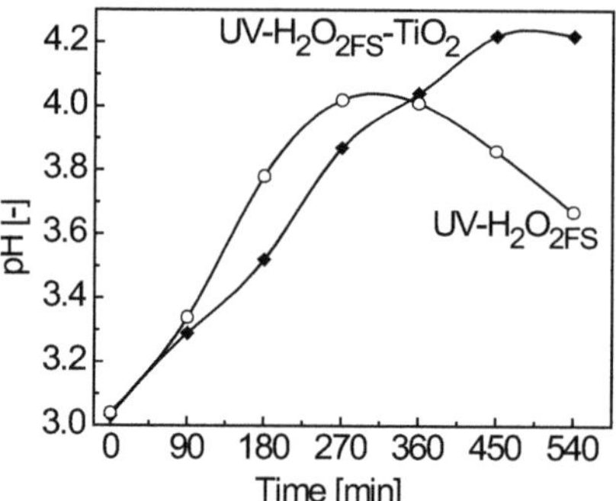

Figura 2-8: Cambios en el pH durante la fotodegradación del AY36- (50 mg/L)

La fotodegradación UV-H2O2FS-TiO2 del AY-36 fue desarrollada mediante el uso de TiO2 y H2O2 inmovilizados desde el principio. El sistema muestra una reducción muy considerable del COT (90%), un resultado apasionante que representa un nuevo método alternativo para el tratamiento de este tipo de compuestos. Permite la decoloración total y la mineralización completa del AY-36 en un tiempo de reacción de 75 min. Forma y descompone el extra H2O2 en paralelo con la fotodegradación del AY-36. Este sistema no permite ni el ajuste del pH ni el efecto de la temperatura sobre el rendimiento en el rango en que estos parámetros fueron probados. Hace que las mediciones sean sencillas, y la cantidad de tóxicos convertidos sin problemas e inofensivos.

2.4 Referencias

Bahnemann, D.: Desintoxicación fotocatalítica de aguas contaminadas. Dentro: Boule, P. (ed) *The handbook of environmental chemistry, Vol.2, Part L, Environmental Photochemistry,* Springer, Berlín, 1999, p 286-351

Benítez, F.J.; Beltrán-Heredia, J.; Acero, J.L. y Rubio, F.J.: Contribución de los radicales libres a la descomposición de los clorofenoles por varios procesos de oxidación avanzados. **Quimiosfera** 41(2000)1271-1277

Brown, M.A. y DeVito, S.C.: Predicción de la toxicidad del colorante azoico. **Crit. Rev. Env. Sci. Technol.** 23(1993)249-324

Dillert, R. y Bahnemann, D.: Degradación fotocatalítica de los contaminantes orgánicos: Mecanismos y aplicaciones solares. Boletín de la **EPA** 52(1994)33-52

Fukinbara, S. y Shiraishi, F.: Características del reactor fotocatalítico con un conjunto anular de tubos de vidrio que rodean una fuente de luz: 2. Análisis cinético. **CELSS J.** 13(2001)11-23

Fukinbara, S.; Shiraishi, F. y Nakano, K.: Características del reactor fotocatalítico con un conjunto anular de tubos de vidrio que rodea una fuente de luz: 1. Selección de una fuente de luz y soporte fotocatalítico. **CELSS J.** 13(2001)1-10

Galindo, C. y Kalt, A.: Oxidación UV/H2O2 de colorantes azoicos en medio acuoso: Evidencia de una relación estructura-degradabilidad. **Pigmentos de colorantes** 42(1999)199-207

Goel, K.A. y Gupta, K.: Toxicidad aguda del amarillo ácido 36 en *Heteropneustes fossilis.* **Indian Journal of Environmental Health** 27(1995)266-269

Guittonneau, S.; De Laat, J.; Dore, M.; Duguet J.P. y Bonnel, C.: Estudio comparativo de la fotodegradación de los compuestos aromáticos en el agua por UV y H2O2/UV. **El medio ambiente. Technol. Cartas** 9(1988)1115-1128

Hoffmann, M.R.; Martin, S.T.; Choi, W. y Bahnemann, D.W.: Aplicaciones ambientales de la fotocatálisis por semiconductores. **Química. Rev.** 95(1995)69-96

Hufschmidt, D.; Liu, L.; Selzer, V. y Bahnemann, D.: Tratamiento fotocatalítico del agua: Conocimientos fundamentales necesarios para su aplicación práctica. **Water Sci. Technol.** 49(2004)135-140

Kiwi, J.: Papel del oxígeno en la interfaz del TiO2 durante la fotodegradación de los tintes de antraquinona-sulfonato, biológicamente difíciles de degradar. **El medio ambiente. Toxicol. Química.** 13(1994)1569-1575

Kunz, A.; Peralta-Zamora, P. y Durán, N.: Degradación fotoquímica asistida por peróxido de hidrógeno del ácido etilendiaminotetraacético. **Adv. Environ. Res.** 7(2002)197-202

Linsebigler, A.L.; Lu, G. y Yates, Jr., J.T.: Fotocatálisis en superficies de TiO2: Principios, mecanismo y resultados seleccionados. **Química. Rev.** 95(1995)735-758

Malik, P.K.: Uso de carbones activados preparados a partir de aserrín y cascarilla de arroz para la adsorción de colorantes ácidos: Un estudio de caso de amarillo ácido 36. **Pigmentos de colorantes** 56(2003)239-249

Matsuo, K.; Takeshita, T. y Nakano, K.: Formación de películas delgadas por el tratamiento de titanio amorfo con H2O2. **J. Cryst. Crecimiento** 99(1990)621-624

Mills, A. y Le Hunte, S.: Una visión general de la fotocatálisis de semiconductores. **J. Photochem. Fotobiol. A: Química.** 108(1997)1-35

Peller, J.; Wiest, O. y Kamat, P.V.: El papel de los radicales de hidroxilo en la remediación de un herbicida común, el ácido 2,4-diclorofenoxiacético (2,4-D). **J. Phys. Química. A** 108(2004)10925-10933

Shiraishi, F.; Nakasako, T. y Hua Z. : Formación de peróxido de hidrógeno en reacciones fotocatalíticas. **J. Phys. Química. A** 107(2003)11072-11081

Singh, H.K.; Muneer, M. y Bahnemann, D.: Degradación fotocatalítica de un derivado herbicida, el bromacil, en suspensiones acuosas de dióxido de titanio. **J. Photochem. Fotobiol. Sci.** 2(2003)2:151-156

Wang, S. y Shiraishi, F.: Descomposición del ácido fórmico en dos tipos de reactores fotocatalíticos: efectos de la resistencia a la difusión de la película y la penetración de la luz ultravioleta en las tasas de descomposición. **Eco-Ingeniería** 14(2002)9-17

Wang, S.; Shiraishi, F. y Nakano, K.: Descomposición del ácido fórmico en un reactor fotocatalítico con un conjunto paralelo de cuatro fuentes de luz. **J. Chem. Technol. Biotecnología.** 77(2002)805-810

Weber, W.J. y LeBoeuf, E.J.: Procesos para el tratamiento avanzado del agua. **Water Sci. Technol.** 40(1999)11-20

Xu, J.-H. y Shiraishi, F.: Descomposición fotocatalítica del acetaldehído en el aire sobre el dióxido de titanio. **J. Chem. Técnico. Biotecnología.** 74(1999)1096-1100

3

UNA NUEVA MEDIDA CINÉTICA DE LOS FOTONES IMPULSADA POR LA CONSIDERACIÓN DE LA CINÉTICA DE LOS PARES ELECTRÓN-HUECO EN LA FOTODEGRADACIÓN DE LAS AGUAS RESIDUALES TEXTILES MEDIANTE EL PROCESO UV-H2O2FS-TIO2

Journal of Environmental Sciences, en prensa

3.1 Introducción

Las industrias textiles son las mayores consumidoras de tintes orgánicos, y se espera que entre el 10 y el 15% del tinte se pierda durante el proceso de teñido y se libere como efluente. Sin embargo, estos compuestos suelen ser recalcitrantes o muestran una cinética de degradación muy baja para los procesos biológicos convencionales. Los efluentes finales (después del tratamiento) siguen teniendo una coloración muy intensa (Bahorsky *y otros*, 1995; Wu *y otros,* 1996; Kunz y *otros*, 2001). También están diseñados para resistir la fotodegradación (Forgacs *et al.*, 2004). Sin embargo, en el proceso UV-H2O2FS-TiO2, la velocidad de descomposición del colorante es rápida y el efluente final es claro (Shigwedha *et al.*, 2006).

En el último proceso fotocatalítico, el semiconductor fue inmovilizado en una película delgada. En la iluminación a las frecuencias UV apropiadas, los electrones dentro del semiconductor fueron excitados desde la banda de valencia a la banda de conducción, produciendo los pares electrón-agujero, que son los prerrequisitos para la fotocatálisis. Los agujeros fotogenerados dentro del TiO2 pueden inducir directamente la oxidación o sufrir transferencia de carga con una molécula de agua absorbida, conduciendo en última instancia a la formación de radicales HO- (*E0* = 2,80 V). Las reacciones de este par electrón-agujero con una variedad de aceptadores y donantes de electrones y los procesos de recombinación electrón-agujero han sido bien estudiados (Rothenberger *et al.*, 1985; Fox, 1991).

La fotocatálisis de TiO2 en forma inmovilizada es económica, muestra una gran estabilidad en soluciones acuosas, no sufre fotocorrosión bajo iluminación de banda abierta y tiene propiedades superficiales excepcionales para el tratamiento de efluentes a mayor escala (Arabatzis *et al.*, 2002; Noorjahan *et al.* , 2003). El uso del H2O2FS en la fotocatálisis fue impulsado por pensar en la cinética de los pares electrón-agujero que se informó en el capítulo anterior (Capítulo 2). Pensamos que el H2O2FS mejoraría la fotodegradación a un ritmo constante. Esa indicación era más crítica para medir la cinética del par electrón-agujero que la concentración de los tintes. Si este es el caso, la presencia de H2O2FS debería acelerar el proceso porque: 1) impide la recombinación de los agujeros de los electrones; 2) impide la competencia entre las bandas de electrones; 3) mejora la formación de H2O2 extra y su descomposición; 4) sirve como iniciador de la reacción radical, fuente de oxígeno y acelera los procesos de fotodegradación; 5) hace que las mediciones sean simples y las conversiones generales seguras cuando el TiO2 está inmovilizado; 6) no destruye el fotocatalizador inmovilizado; y 7) debería reducir también la resistencia a la difusión de la película.

En la bibliografía se utiliza la eficiencia fotónica relativa como medio de comparación de los procesos fotoquímicos (Tahiri *y otros*, 1996; Serpone *y otros*, 1996; Malato *y otros*, 2000). Otro concepto de eficiencia fotónica global que relaciona la mineralización y la tasa de degradación inicial introducido por Medina-Valtierra *y otros* (2005), se ha adaptado a partir de la eficiencia fotónica relativa para complementar la comparación de las eficiencias de los procesos con diferentes fotocatalizadores en las mismas condiciones experimentales. Estos métodos evitan conocer la cantidad de fotones absorbidos por el fotocatalizador y atenúan otros aspectos no identificados en general. Sin embargo, en otros estudios se consideraron las variaciones relativas al flujo de fotones absorbidos (Wang *y otros*, 2002a). Algunos investigadores recomiendan utilizar constantes de tasa formal en la fotodegradación de los sustratos orgánicos como medida de la eficiencia de la fotooxidación (Sabin *et al.*, 1992).

Para medir la cinética, elegimos medir los CPT, es decir, los tiempos fotónicos críticos. La velocidad de formación de los pares electrón-hueco puede predecirse a partir de los TPC durante la degradación fotocatalítica de los tintes en el agua. Los CPT son tiempos de exposición a los rayos UV necesarios para causar que se oxiden el 90% de las oscilaciones entre los enlaces dobles y simples a lo largo de la cadena molecular de los tintes. Esta medida cinética se eligió porque hemos acentuado la observación de que cuando la concentración de los tintes en el agua es del orden de o menos de 70 mg/L, no hay una diferencia notable entre la concentración de los tintes en el líquido a granel y en la superficie del fotocatalizador, reduciendo así significativamente la tasa de decoloración. Esto nos llevó a analizar cinéticamente el proceso cinético de las reacciones fotocatalíticas independientemente de la estructura y concentración de los tintes colectivos en el efluente textil antes del tratamiento. El procedimiento de CPT no requiere la identificación de los tintes en el efluente. La derivación de las TPC en el presente capítulo predice la cinética de la descomposición de los tintes de una amplia variedad de los tintes textiles que resulta de una gama mucho más completa de frecuencias UV que la que se ha hecho en los trabajos anteriores. El rango de la frecuencia de los rayos ultravioleta está entre 400 y 150 nm, que cubre las cuatro áreas espectrales de los rayos ultravioleta. Diferentes lámparas UV tienen diferentes CPT. Analizamos la decoloración tanto de las aguas residuales sintetizadas como de las aguas residuales textiles reales de una fábrica local de teñido de textiles que contiene varios tintes desconocidos para nosotros. También se hizo la cinética de la decoloración de los tintes puros. Las ecuaciones basadas en CPT predijeron con éxito la eficiencia de las frecuencias UV en los casos probados.

En el siguiente capítulo (Capítulo 4), utilizamos los TPC para: 1) Predecir las observaciones, resueltas en el tiempo, del proceso fotocatalítico primario que se produce durante la decoloración general de

individuales; 2) predecir la resistividad de los tintes textiles; 3) evaluar la eficiencia de los fotones (PEhv) para diferentes lámparas UV; y 4) evaluar la deficiencia de fotones (PDhv) en las lámparas UV.

3.2 Procedimientos experimentales

3.2.1 Reactivo y fuentes de luz

Se compró una solución acuosa de H_2O_2 al 30% (v/v) a la Compañía de Reactivos Químicos de Shangai. El H_2O_2 era de grado reactivo de laboratorio. Las cinco lámparas UV monocromáticas (6 W cada una) utilizadas como fuente de luz fueron: (1) una lámpara fluorescente de luz negra azul (BL-B) con una longitud de onda de 389 nm (FL6BLB-, Matsushita Electric Industrial Co., Ltd., Osaka); (2) una lámpara fluorescente de luz azul (UVB-) con una longitud de onda de 313 nm (S8T4B, Jiangyin UV Development Electric Co., Wuxi); 3) una lámpara germicida (GL6-) con una longitud de onda de 254 nm (GL6-, Sankyo Electric Co., Tokio); 4) una lámpara germicida (UVC-) con una longitud de onda de 222 nm (S212T3, Jiangyin UV Development Electric Co., Wuxi); y 5) una lámpara de vacío (O3L)- con una longitud de onda de 185 nm (Jiangyin UV Development Electric Co., Wuxi). Los vidrios de película delgada de -TiO2 fueron proporcionados por el Instituto de Tecnología de Kyushu (Japón).

3.2.2 El sistema de reactor fotocatalítico y su método de funcionamiento

El reactor fotocatalítico (Shiraishi *et al.*, 2003), un depósito y una bomba peristáltica (BT00600M-; Lange Electric Co.) se conectaron en un bucle y se recircularon en un sistema cerrado de recirculación por lotes como se muestra en la Figura 2-2. La cinética de decoloración se realizó en 400 mL de cada tratamiento a valores de pH natural (rango 6,54 a 9,63). El pH de las soluciones se midió con un- pHmetro de precisión PHS2C-. El pH de- la solución se ajustó al valor deseado mediante la adición de hidróxido de sodio o ácido sulfúrico. Sin embargo, los valores de pH de las soluciones de prueba utilizadas en este estudio no se ajustaron a ningún valor. Las soluciones coloreadas, dosificadas con 1 mL de H_2O_2 fueron recirculadas por primera vez a un flujo de 1,2 L/min en la oscuridad durante 5 min. Este tiempo fue suficiente para alcanzar una absorción equilibrada de los colorantes en el TiO2 inmovilizado como una fina película dentro del reactor. Las lámparas UV (BLB-, UVB-, GL6,- UVC- y O3L-) se encendieron respectivamente 30 minutos antes de los 5 minutos de oscuridad de la adsorción para estandarizar la cantidad de energía de los rayos UV que cada lámpara emite. Las reacciones se iniciaron al volver a encender las lámparas

UV en el reactor, respectivamente. No se suministró gas de oxígeno al sistema. El efecto de la temperatura fue insignificante.

Se tomaron muestras alícuotas (5 mL) de estos últimos tratamientos de forma consecutiva del depósito en el momento apropiado para determinar las TPC de cada patrón de decoloración.

3.2.2.1 Efecto del pH

La descomposición fotocatalítica de los tintes y el correspondiente proceso de decoloración fueron controlados principalmente por el pH natural de las aguas residuales. Se estudió la tasa de decoloración de los tintes, utilizando los CPT a un pH inicial (que va de 6,5 a 9,6) y ajustando el pH a 6,5 condiciones. La máxima decoloración de todos los tratamientos estudiados en este trabajo se observó en un rango de pH natural, y las tasas de decoloración disminuyeron con el pH ajustado. Aunque tanto el individuo como las mezclas de los tintes en soluciones acuosas se decoloraron en un rango de pH de 6,5-6,8, los efluentes textiles reales se decoloraron en su mayor parte a un pH de alrededor de 9,6.

Por otro lado, un intento de ajustar el pH de 9,6 a 6,5 dio lugar a una decoloración significativamente más lenta, basada en los principios de los CPT. Estas observaciones indican que el pH óptimo para el sistema UV-H2O2FS-TiO2 depende de la composición de los sustratos originales de las aguas residuales tratadas, tal como se ha observado e informado en otros lugares (Shigwedha *et al.*, 2006). La explicación del efecto del pH ajustado en la tasa de decoloración podría deberse al medio del pH, que se espera que afecte al estado de ionización de los grupos funcionales en la fina película de TiO2. Es probable que otros iones del sustrato atrapados (sulfatos, grupos carboxílicos, de sodio y amino) se adsorban a la fina película de TiO2, poniéndola así en estrecho contacto con los radicales hidroxilo.

3.2.2.2 Efecto de la temperatura

Para estudiar la variación de la temperatura en la decoloración, se realizaron estudios a temperaturas que oscilaban entre 4 y 45°C. La temperatura del reactor fotocatalítico no afectó el rendimiento de la decoloración; por lo tanto, este sistema tiene el potencial tanto de aumentar la degradación como de reducir ligeramente los costos de operación.

3.2.3 Características de las aguas residuales textiles

Los efluentes de aguas residuales propiamente dichos se obtuvieron de una instalación de fabricación en la provincia de Jiangsu (Wuxi, China). Los efluentes estaban muy coloreados debido a la presencia de tintes del proceso de teñido de la fibra. Los valores típicos de las aguas residuales textiles reales utilizadas para el experimento son

presentado en la Tabla 3-1. Durante este estudio, el agua residual textil real fue centrifugada a 8000 rpm durante 15 min para ayudar a la reducción de partículas.

Tabla 3-1: Cualidades de las aguas residuales textiles no tratadas

Parámetro	Valor
pH	9.5±0.5
A $_{575\ nm}$, (a.u.)	0.785±0.001
COD, mg/L	500±100
TIC, mg/L	95±15
TNb, mg/L	30±10

Notas: A = absorbancia; COD = demanda química de oxígeno; TIC = total carbono inorgánico; TNb = nitrógeno total ligado; a.u. = unidades de absorbencia

El reactor fotocatalítico también se alimentó con aguas residuales textiles sintetizadas consistentes en PVA (2000 mg/L), oligoelementos (Tabla 3-2) y una mezcla de tres colorantes azoicos, a saber, rojo ácido 17, amarillo ácido 36 y naranja ácido 52. Los tintes ácidos fueron suministrados por la- compañía Sigma-Aldrich-. Se preparó por separado una solución altamente concentrada de PVA y oligoelementos con agua desionizada (pH 6,6) para mezclarla conjuntamente.

Cuadro 3-2: Composición básica de los oligoelementos

Composición	CoCl2-6H2O	ZnCl2	CuCl2-2H2O	H3BO4	36% HCl	FeCl3-4H2O	MnCl2-4H2O	NiCl2-6H2O	EDTA	(NH4)6Mo7O24-4H2O
Concentración (mg/L)	80	2	1.2	2	0.04	80	20	2	40	3.6

Tanto los efluentes sintéticos preparados como los efluentes reales de aguas residuales se almacenaron a 4°C para evitar su degradación. El principio de la antigua síntesis de aguas residuales era hacer un efluente compuesto con materiales difíciles de fotodegradar, incluyendo los tintes ácidos. Se trató una mezcla de tres azocolorantes y un colorante de antraquinona (Acid Blue 45) preparados a una concentración de 50 mg/L cada uno, respectivamente, para su comparación. Todos los experimentos se repitieron dos veces de forma independiente para cada solución de color.

3.2.4 Mediciones del espectro

Las tasas de decoloración se observaron en términos de cambios en las señales de absorbencia utilizando un Shimadzu 2450: Corp. Espectrofotómetro UV-Vis, a través de una celda de cuarzo de 1 cm. Las absorbencias para el Acid Blue 45, la mezcla de colorantes, las aguas residuales sintéticas y las reales se midieron a 606, 454, 454 y 575 nm, que corresponden todas a sus longitudes de onda de absorción máxima, en ese orden.

3.3 Teoría

3.3.1 Modelo matemático clásico combinado con una teoría CPT dentro de la decoloración fotocatalítica

El proceso de catálisis estudiado aquí ocurrió en una fina película inmovilizada de TiO2 en el reactor fotocatalítico de flujo anular. La minúscula concentración de H2O2 estaba presente antes de la irradiación. Nuestro objetivo era cuantificar la susceptibilidad del croma en las aguas residuales a varias salidas de fotones por el mismo sistema fotocatalítico. En este sistema se produce la misma cinética de primer orden relativa al máximo de absorción del colorante en la banda visible que resulta de la ecografía (Tezcanli-Guyer e Ince, 2003). La degradación del color comienza con el inicio de la exposición a los rayos UV y continúa a medida que la distribución de la luz UV continúa.

Los tintes textiles en una película delgada expuesta a la radiación UV y el TiO2 inmovilizado en presencia de H2O2FS se decoloran en proporción directa al valor máximo de las unidades de absorbencia. El valor de la constante de la tasa depende de si la intensidad se define como tasa de irradiación o tasa de fluencia, y también puede depender de cómo se mide. En esta reacción fotocatalítica-química, la fluencia UV se mide como una suma de la energía de la banda del TiO2

(*Ebg* ~3,2 eV) y el potencial de oxidación de la minúscula concentración de H2O2FS (*E0* = 1,78 V). La velocidad a la que se forman los pares electrón-hueco está determinada por las fuentes de luz, la distancia que la energía de la luz UV viaja desde la superficie de la lámpara hasta la fina película de TiO2 dentro del reactor y la velocidad del flujo de agua. Por lo general, cuando un semiconductor se inmoviliza en una película delgada, la velocidad de la reacción fotocatalítica aumenta a una velocidad de flujo muy alta, reduciendo así la resistencia a la difusión de la película en la recirculación del fluido reactivo (Wang y *otros*, 2002b; Wang y Shiraishi, 2002).

Donde *A* es la absorbancia máxima del colorante en la banda visible en el momento *t*, y *k* es el coeficiente de decaimiento de la absorbancia de seudoorden (min-1) (Tezcanli-Guyer e Ince, 2003), tenemos la ecuación diferencial primaria:

$$\frac{d}{dt} A(t) = -k \cdot A(t) \tag{3.1}.$$

Diferentes frecuencias de luz UV dan como resultado diferentes k(s). Con respecto a $A(t)$, la Ec. (3.2) es una solución a la Ec. (3.1) resultante de la separación de variables para su integración.

$$\int_{A_0}^{A} \frac{1}{At} dA(t) = \int_{t_0}^{t} -k\, dt \tag{3.2}$$

La Ec. (3.3) es el resultado integrado.

$$\ln\left(\frac{A(t)}{A_0}\right) = -k \cdot t \tag{3.3}$$

La Ec. (3.4) simplifica *la A(t)*. El coeficiente de decaimiento de la absorbancia del pseudo-orden k, tiene unidades de min-1, ya que $k \times t$ debe ser sin unidades.

$$A(t) = A_0 \cdot \exp(-k \cdot t) \tag{3.4}$$

Aparentemente, si se aplica la línea de regresión y se restringe a las tasas de decoloración primarias (*R2* ≥ 0,9831), el efecto sería tener un valor diferente para el coeficiente de decaimiento de absorbancia de pseudo-orden k. [k` = coeficiente de decaimiento de absorbancia de primer orden]. Por lo tanto, la aplicación de k` a la Ec. (3.4) da

$$A(t) = A_0 \cdot \exp(-k'\cdot t) \tag{3.5}$$

Un inverso de k` y CPT son lo mismo en la presente condición. [CPT=1/k`]. La CPT es responsable del 90% de las oscilaciones a lo largo de las moléculas de colorante a ser oxidadas, mientras que el 10% restante representa el ratio de supervivencia. El CPT tiene unidades de tiempo, generalmente en min con microsegundos de cuatro dígitos, para diferenciar entre los tintes estrechamente relacionados.

Reemplazando k` en la Ec. (3.5) con CPT resulta en

$$A(t) = A_0 \cdot \exp(-t/CPT) \tag{3.6}.$$

Resolviendo la Ecuación (3.6) para los rendimientos del CPT

$$CPT = \frac{-t}{\ln\left(\dfrac{A}{A_0}\right)} \tag{3.7}.$$

dondeCPT   es el tiempo fotónico crítico (min); A0 es la unidad de absorbencia original en el depósito en la longitud de onda de máxima absorción (a.u.); A es la unidad de absorbencia del efluente recirculado en el tiempo t (a.u.).

3.3.2 Método de determinación de la eficiencia de los fotones

La eficiencia de los fotones (PEhv) es la cantidad de intensidad de los rayos UV que se requiere para hacer un cambio de 10 veces en el CPT. En la práctica, el PEhv mide cómo las oscilaciones de las moléculas de colorante son a los cambios en las frecuencias UV. El PEhv se puede encontrar trazando CPTs en función de frecuencias UV específicas en una escala logarítmica. La línea de regresión se ajustó a estos datos. El valor absoluto del recíproco de esta línea será PEhv. Debido a que los pares de log CPT y la frecuencia específica de UV (λ) son esenciales, las siguientes ecuaciones pueden ser usadas para producir la escala log-lineal

$$\sum_{i=1}^{n} \log CPT_i = y \cdot n + m \cdot \sum_{i=1}^{n} \lambda_i \tag{3.8}$$

$$\sum_{i=1}^{n} \lambda_i \cdot \log CPT_i = y \cdot \sum_{i=1}^{n} \lambda_i + m \cdot \sum_{i=1}^{n} \lambda_i^2 \tag{3.9}$$

donde y es la intersección y de la línea de regresión, *m* es la pendiente y *n* es el número de pares de CPTλ. Aplicando el método de los mínimos cuadrados a las Ecs. (3.8) y (3.9) resulta la Ec. (3.10) que representa la pendiente de la recta de regresión como:

$$m = \frac{n \cdot \sum_{i=1}^{n}(\lambda_i \cdot \log CPT_i) - \sum_{i=1}^{n}\lambda_i \cdot \sum_{i=1}^{n}\log CPT_i}{n \cdot \sum_{i=1}^{n}\lambda_i^2 - (\sum_{i=1}^{n}\lambda_i)^2} \qquad (3.10).$$

A partir de la Ec. (3.10), el PEhv puede encontrarse tomando el valor absoluto del recíproco de esta pendiente:

$$PE^{hv} = \left|\frac{1}{m}\right| \qquad (3.11).$$

Calculando el PEhv, el procedimiento de cálculo es el siguiente: (1) Construir una tabla para simplificar los cálculos para los valores de $\sum_{i=1}^{n}\lambda_i$, $\sum_{i=1}^{n-1}\log CPT_i$, y $\sum_{i=1}^{n}\lambda_i^2$ $\sum_{i=1}^{n-1}(\lambda_i \log CPT_i)$ en cada columna, respectivamente; (2) Conectar estos valores a la Ec. (3.10) para la pendiente de la recta de regresión; (3) Determinar el número de pares CPT-$\lambda = n$; (4) resolver para PEhv por la Ec. (3.11).

3.3.3 Predicción de la CPTn desconocida para una frecuencia utilizando PEhv y CPT para dos o más frecuencias diferentes

Este objetivo se logra expandiendo la ecuación original para la pendiente de una línea de regresión logarítmica para incluir la CPTn desconocida. En consecuencia, la Ec. (3.10) se convierte en

$$m = \frac{n \cdot \left[\sum_{i=1}^{n-1}(\lambda_i \cdot \log CPT_i) + \lambda_n \cdot \log CPT_n\right] - \sum_{i=1}^{n}\lambda_i \cdot \left[\sum_{i=1}^{n-1}(\log CPT_i) + \log CPT_n\right]}{n \cdot \sum_{i=1}^{n}\lambda^2 - (\sum_{i=1}^{n}\lambda)^2} \qquad (3.12).$$

Como el PEhv se conoce a partir de la Ec. (3.11), podemos sustituir la *m* en la Ec. (3.12) como

$$\frac{1}{PE^{hv}} = \frac{n \cdot \left[\sum_{i=1}^{n-1}(\lambda_i \cdot \log CPT_i) + \lambda_n \cdot \log CPT_n\right] - \sum_{i=1}^{n}\lambda_i \cdot \left[\sum_{i=1}^{n-1}(\log CPT_i) + \log CPT_n\right]}{n \cdot \sum_{i=1}^{n}\lambda^2 - (\sum_{i=1}^{n}\lambda)^2} \qquad (3.13).$$

Resolviendo la Ecuación (3.13) para un rendimiento de CPTn desconocido

$$CPT_n = 10^{\dfrac{\left[n\cdot\sum\limits_{i=1}^{n}\lambda_i^2 - \left(\sum\limits_{i=1}^{n}\lambda_i\right)^2\right]\div PE^{hv} - n\cdot\sum\limits_{i=1}^{n-1}\left(\lambda_i \log CPT_i\right) + \sum\limits_{i=1}^{n}\lambda_i\cdot\sum\limits_{i=1}^{n-1}\log CPT_i}{n\cdot\lambda_n - \sum\limits_{i=1}^{n}\lambda_i}}$$

$$(3.14)$$

donde CPT_n es la CPT teórica (min); PE_{hv} es la eficiencia de los fotones necesaria para una reducción de 10 veces en las CPT; λ_n es la longitud de onda en la que existe la CPT teórica (nm) y *n* es el número de pares de $CPT\lambda$.

Por lo tanto, cuando se conocen todos los valores excepto la CPT_n desconocida, la CPT teórica se obtiene de la Ec. (3.14). Aunque esta ecuación es algo complicada, puede simplificarse de la siguiente manera: (1) Especificar el PE_{hv} y todo su conjunto de datos utilizado para generarlo; (2) Construir una tabla para simplificar los cálculos de los valores de $\sum\limits_{i=1}^{n}\lambda_i$, $\sum\limits_{i=1}^{n-1}\log CPT_i$, y $\sum\limits_{i=1}^{n}\lambda_i^2$, $\sum\limits_{i=1}^{n-1}(\lambda_i \log CPT_i)$, en ese orden; (3) Determinar el número de pares CPT-$\lambda = n$, para asegurar el valor de λ_n; (4) Aplicar estos valores a la Ec. (3.14) para obtener una CPT_n desconocida; (5) Comprobar este valor incluyéndolo en el conjunto de datos original y calcular un nuevo PE_{hv}. El nuevo PE_{hv} debería ser el mismo que el que se da en el problema.

3.4 Resultados y discusión

3.4.1 Caracterización de los TPC para el croma en solución acuosa por las matemáticas clásicas

El trabajo se realizó en las muestras seleccionadas que consistían en tintes para textiles y se midieron las tasas de descomposición del croma durante la oxidación por fotoexcitación. Como era de esperar, las gráficas de frecuencia UV específicas de las unidades de absorbencia contra el tiempo de iluminación (min) están de acuerdo con la ley cinética de primer orden. Los TPC que predicen las observaciones resueltas en el tiempo durante el período de decoloración se calcularon para cada una de las muestras coloreadas utilizando un modelo derivado de la Ec. (3.7). Los medios experimentales de los TPC están representados por líneas de puntos en la figura 3-1.

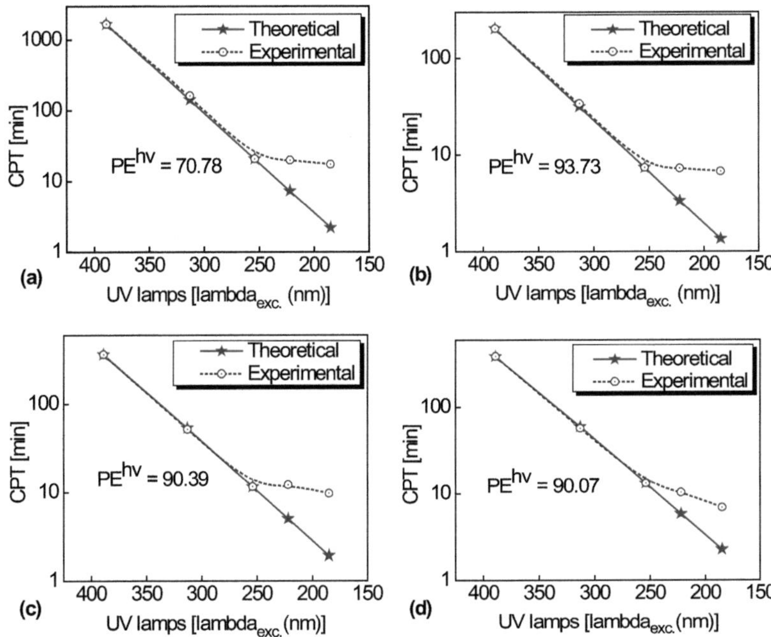

Figura 3-1: Relación entre los CPT experimentales y los teóricos a diferentes frecuencias UV de diferentes efluentes de tintes textiles con TiO2 inmovilizado en presencia de 0,02 M H2O2FS. Azul ácido 45 (a), Efluente textil real (b), Mezcla de rojo ácido 52 + amarillo ácido 36 + naranja ácido 52 (c) y efluente textil sintético (d)

Cuando la cinética de decoloración de dos o más soluciones coloreadas (o su croma en las aguas residuales) son analizadas por los CPT, el efecto de comparación en sus unidades de absorbencia se vuelve insignificante. En los modelos de formulación actuales, las unidades de absorbencia variaban en un rango de 0,785 a 2,182 u.a. Conocer las concentraciones de colorantes de las muestras no es crucial porque las unidades de absorbencia máximas representaban las concentraciones iniciales de los colorantes. Aunque Spadaro *y otros* (1994) han advertido que la estructura y concentración de los distintos tintes para los efluentes de la industria textil deben conocerse antes de tratar el efluente mediante un proceso que se basa en la química de los radicales hidroxilo, los datos actuales indican que no es necesario y, de hecho, no hay ninguna necesidad teórica de que sea necesario.

Con la intensidad de los rayos UV por debajo de 400 nm, las tasas de decoloración se hicieron más y más rápidas. Esta última observación fue especialmente práctica para la intensidad de los rayos UV a 389, 313 y 254 nm. Cuando la intensidad de los rayos UV alcanzó los 254 nm, las tasas de conversión de los tintes fueron ligeramente mejores de lo previsto. Los datos de esta investigación aportan algunas pruebas de que los TPC determinados para los efluentes de los tintes textiles pueden utilizarse para representar la activación de las estructuras dirigidas a pares electrón-hueco a medida que procede la degradación fotocatalítica. Por lo tanto, un CPT de cualquier frecuencia UV entregado por una lámpara calculada según la Ec. (3.7) sería válido para cualquier medición primaria de los tintes en el agua.

3.4.2 Predicción de un TPC a partir de un PEhv y de TPC conocidos

Para el presente trabajo, hemos formulado ecuaciones de CPT no sólo a partir de la ley de tasas de primer orden, sino también a partir de PEhv y CPT conocidos. Los resultados validaron la teoría del CPT y expresaron su utilidad para una amplia gama de rendimiento UV.

Para un PEhv y CPTs conocidos, la línea de regresión representa la cinética subrayada de la formación de pares electrón-agujero por la intensidad UV, prediciendo otros CPTs para las otras intensidades UV y validando las suposiciones cinéticas de la teoría. Todos los valores de CPT a lo largo de la línea de regresión dependen unos de otros. Por lo tanto, una CPTn desconocida debería ajustarse a la línea de regresión de tal manera que no afecte a la cinética de decoloración, y por lo tanto no cambie el valor de PEhv. Los TPC teóricos desconocidos se determinaron a partir de un PEhv y dos TPC utilizando los datos experimentales de cada muestra mediante la Ec. (3.14) a longitudes de onda de 389 y 254 nm. Los resultados se muestran con líneas sólidas en la Figura 3-1. Por lo tanto, la relación entre los TPC experimentales y los TPC teóricos se estableció con estos datos.

El modelo CPT presentado no tiene en cuenta los posibles efectos de las fluencias UV de las fuentes de luz policromática que inciden simultáneamente en un PEhv. Se espera que estos efectos sean menores, ya que la activación de las moléculas orgánicas en todas las longitudes de onda consideradas es la formación de resultados similares (intermedios), que se forman debido a la absorción de un solo fotón de luz. Así pues, la suma de los efectos de las distintas longitudes de onda no debería verse afectada por la consecuencia de la irradiación simultánea a múltiples longitudes de onda. Un CPT obtenido por una lámpara policromática puede posicionarse donde encaja a lo largo de la línea de regresión, prediciendo así la longitud de onda específica dentro del amplio espectro. Vimos la especificidad en el amplio espectro.

3.4.3 Evaluación de los resultados experimentales mediante modelos matemáticos

Los resultados experimentales fueron consistentes con el resultado de la investigación teórica de los rendimientos fotocatalíticos en la frecuencia UV entre 400 y 254 nm. A una frecuencia aproximada de 222 y 185 nm, los resultados se desviaron como predijo una teoría actual. Esta discrepancia se debe probablemente a la tecnología de la lámpara UV, pero no a los tintes. En las lámparas de longitud de onda 222 y 185 nm, el rayo ultravioleta atacó a una molécula de agua además de descomponer un compuesto orgánico. Esto es cierto especialmente cuando se irradian los rayos ultravioleta de 185 nm. El oxígeno disuelto y la molécula de agua se descomponen para producir los radicales HO-. Es decir, una gran cantidad de energía de rayos ultravioleta se consume no sólo en la descomposición del compuesto orgánico sino también en dicha reacción de solvente. La descomposición del H2O2 produce el radical HO-, que llevaría a la autodigestión del H2O2. Esto también puede reducir la tasa de degradación fotocatalítica. Por lo tanto, es natural que la teoría no corresponda a los valores experimentales en una región de longitud de onda tan corta. Además, las clases de descarga de mercurio de baja presión de las lámparas producen prácticamente toda su producción de rayos ultravioleta a una longitud de onda de 253,7 nm = UV254, que resulta ser muy cercana a la curva máxima de eficacia germicida de 260 nm (Kurovaara *et al.*, 1995). Esto sugiere que la predicción de CPT a alrededor de 260 nm e inferiores tendrá ligeras variaciones. Modelamos este hecho en orden matemático porque la mayoría de estas clases de lámparas de baja presión generalmente pueden convertir hasta el 40% de sus vatios de entrada en vatios UV-C utilizables. Para ser precisos, una lámpara de baja presión de 6 vatios de 254 a 185 nm tendrá aproximadamente 2,5 vatios de potencia UV-C. No intentamos frecuencias por debajo de 185 nm porque la tasa de decoloración fotocatalítica a esta frecuencia se mantuvo casi al máximo. En caso de que una frecuencia caiga a menos de 185 nm, cualquier beneficio extra de la luz UV es dudoso.

3.4.4 Evaluación de los resultados teóricos mediante modelos matemáticos

Sin embargo, como se muestra por las líneas sólidas en la Figura 3-1, las CPT predichas por la Ec. (3.14) expresan satisfactoriamente la practicidad teórica de la validación en la teoría de las CPT para un amplio rango de iluminación de la banda de UV en presencia de H2O2FS. Los resultados experimentales coincidieron bien con los teóricos CPT cuando se utilizaron frecuencias UV entre 400 y 250 nm.

Aunque la mayor parte de la luz ultravioleta utilizada podría activar directamente las moléculas objetivo además de la fotocatálisis del TiO2 inmovilizado, la experiencia ha demostrado que la lámpara UV más adecuada y ampliamente utilizada para los procesos de oxidación avanzada (AOP) de muchos compuestos orgánicos es la de 254 nm. Según las líneas de puntos de la figura 3-1, los típicos CPT por debajo de UV254 se desvían de los CPT teóricos. Ahora bien, como el PEhv sólo nos habla de la pendiente de una línea de regresión y no de su intersección con la y, la línea puede existir en cualquier lugar a lo largo del eje y. Sólo asumimos que pasa a través del CPT a 254 nm, una longitud de onda de desviación. Considerando que en una situación perfecta todos los TPC existirían en la misma línea de regresión, entonces también disminuirían correctamente de forma exponencial. Para esta solución, usamos la forma más básica para la pendiente de esta línea, que es

$$m = \frac{\log CPT_{254} - \log CPT_n}{254 - \lambda_n} \tag{3.15}.$$

La solución para los resultados desconocidos de la CPTn en

$$CPT_n = 10^{(\lambda_n - 254)/PE^{hv} + \log CPT_{254}} \tag{3.16},$$

dondeCPTn es la CPT teórica (min); PEhv es la eficiencia de los fotones necesaria para una reducción de 10 veces en la CPT; λ_n es la longitud de onda en la que existe la CPT teórica (nm), y CPT254 es la CPT a 254 nm (min).

La determinación de un CPT teórico a partir de PEhv y sólo un CPT también es posible. Este cálculo es fácil de realizar matemáticamente. Ambos modelos de las Ecs. (3.14) y (3.16) son métodos diferentes para obtener numéricamente el CPT teórico. Sin embargo, la diferencia en sus valores es pequeña. Esta diferencia aparece en los últimos dígitos de los microsegundos y por lo tanto sería insignificante en todos los casos (Tabla 3-3).

Tabla 3-3: Resultados detallados de la CPT de los dos modelos de las Ecs. 3.14 y 3.16 para Acid Blue 45

$\lambda_{exc.}$ (nm)	CPT (min)	
	Ec. (3.14)	Ec. (3.16)
389	1682.7600	1682.7600
313	142.0028	142.0031
254	20.8319	20.8319
222	7.3514	7.3557
185	2.2065	2.2074

En el presente capítulo hemos desarrollado un conjunto de modelos que cuantifican con precisión la susceptibilidad del croma a la degradación fotocatalítica. Se investigó el rendimiento de los modelos tanto teórico como experimental. Como resultado, encontramos que la hipótesis de la CPT en la fotocatálisis expresa su practicidad en un amplio rango de rendimiento UV, incluyendo las notables conversiones del espectro UV del vacío en un espectro germicida utilizable.

3.5 Referencias

Arabatzis, I.M.; Antonaraki, S.; Stergiopoulos, T.; Hiskia, A.; Papaconstantinou, E.; Bernard, M.C. y Falaras, P.: Preparación, caracterización y actividad fotocatalítica de catalizadores nanocristalinos de capa fina de TiO2 hacia la degradación del 3,5-diclorofenol. **J. Photochem. Fotobiol. A: Química.** 149(2002)237-245

Bahorsky, M.S. y Bryant, D.H.: Textiles. **Wat. El medio ambiente. Res.** 67(1995)544-548

Forgacs, E.; Cserháti, T. y Oros, G.: Eliminación de tintes sintéticos de las aguas residuales: Una revisión. **El medio ambiente. Interno.** 30(2004)953-971

Transferencia de electrones fotoinducida en medios arreglados. **Arriba. Curr. Química.** 159(1991)67-101

Kunz, A.; Reginatto, V. y Durán N.: Tratamiento combinado con la secuencia *Phanerochaete Chrysosporiun-Ozone.* **Quimiosfera** 44(2001)281-287

Kurovaara, M.; Backlund, P. y Corin, N.: Degradación inducida por la luz del DDT en el agua húmeda. **Ciencia. Entorno total.** 170(1995)185-191

Malato, S.; Blanco, J.; Richter, C. y Maldonado, M. I.: Optimización de la energía solar preindustrial la mineralización fotocatalítica de los pesticidas comerciales. Aplicación al reciclaje de envases de plaguicidas. **Appl. Catal. B: Medio ambiente.** 25(2000)31-38

Medina-Valtierra, J.; Moctezuma, E.; Sánchez-Cárdenas, M. y Frausto-Reyes, C.: Eficiencia fotónica global para la degradación de los fenoles y la mineralización en la fotocatálisis heterogénea. **J. Photochem. Fotobiol. R: Química.** , 174(2005)246-252

Noorjahan, M.; Reddy, M.P.; Kumari, V.D.; Lavédrine, B.; Boule, P. y Subrahmanyam, M.: Degradación fotocatalítica del ácido H sobre un novedoso reactor de lecho fijo de película fina de TiO2 y en suspensiones acuosas. **J. Photochem. Fotobiol. R: Química.** 156(2003)179-187

Rothenberger, G.; Moser, J.; Grätzel, M.; Serpone, N. y Sharma, D.K.: Trampa de portadores de carga y dinámica de recombinación en pequeñas partículas semiconductoras. **J. Am. Química. Soc.** 107(1985)8054-8059

Sabin, F.; Türk, T. y Vogler, A.: Fotooxidación de compuestos orgánicos en presencia de dióxido de titanio: determinación de la eficiencia. **J. Photochem. Fotobiol. R: Química.** 63(1992)99-106

Serpone, N.; Sauvé, G.; Koch, R.; Tahiri, H.; Pichat, P.; Piccinini, P.; Pelizzetti, E. e Hidaka, H.: Protocolo de normalización de las eficiencias de los procesos y los parámetros de activación en la fotocatálisis heterogénea: eficiencias fotónicas relativas ζr. **J. Photochem. Fotobiol. R: Química.** 94(1996)191–203

Shigwedha, N.; Hua, Z. y Chen, J.: Inmovilizar el TiO2 permite que el H2O2 esté presente al principio y mejora la fotodegradación del amarillo ácido 36 (AY-36). **J. Chem. Eng. Japón,** 39(2006)475-480

Shiraishi, F.; Nakasako, T. y Hua Z. : Formación de peróxido de hidrógeno en reacciones fotocatalíticas. **J. Phys. Química. A** 107(2003)11072-11081

Spadaro, J.T.; Isabelle, L. y Renganathan, V.: Degradación de los azocolorantes mediada por radicales hidroxílicos: evidencia de la generación de benceno. **El medio ambiente. Sci. Technol.** 28(1994)1389-1393

Tahiri, H.; Serpone, N. y van Mao, R.L.: Aplicación del concepto de eficiencias fotónicas relativas y caracterización de la superficie de un nuevo fotocatalizador de titanio diseñado para la recuperación ambiental. **J. Photochem. Fotobiol. A: Química.** 93(1996)199-203

Tezcanli-Guyer, G. e Ince, N.H.: Degradación y reducción de la toxicidad de los colorantes textiles por ultrasonido. **Ultrasonido. Sonochem.** 10(2003)235-240

Wang, C.; Rabani, J.; Bahnemann, D.W.; Detlef, W. y Dohrmann, J.K.: Eficacia fotónica y rendimiento cuántico de la formación de formaldehído a partir del metanol en presencia de varios fotocatalizadores de TiO2. **J. Photochem. Fotobiol. R: Química.** 148(2002a)169-176

Wang, S. y Shiraishi, F.: Descomposición del ácido fórmico en dos tipos de reactores fotocatalíticos: efectos de la resistencia a la difusión de la película y la penetración de la luz ultravioleta en las tasas de descomposición. **Eco-Ingeniería** 14(2002)9-17

Wang, S.; Shiraishi, F. y Nakano, K.: Descomposición del ácido fórmico en un reactor fotocatalítico con un conjunto paralelo de cuatro fuentes de luz. **J. Chem. Technol. Biotecnología.** 77(2002b)805-810

Wu, F.; Ozaki, H.; Terashima, Y.; Imada, T. y Ohkouchi, Y.: Actividades de las enzimas ligninolíticas del hongo de la podredumbre blanca, *Phanerochaete Chrysosporiun* y la degradabilidad de sus sustancias recalcitrantes. **Wat. Ciencia y Tecnología.** 34(1996)69-77

4

TIEMPO FOTÓNICO CRÍTICO (CPT): UNA NUEVA TEORÍA DE PROCESO PRIMARIO SOBRE LA DECOLORACIÓN DE LOS TINTES TEXTILES POR UV-H2O2FS-TIO2

Presentado en parte en la Conferencia AP-AWTGORT2006, Dalian – Liaoning...en la República Popular China, del 6 al 8 de septiembre.

Revista de Ingeniería Química del Japón, en prensa

4.1 Introducción

Los tintes ácidos se utilizan ampliamente en algunas industrias textiles. Estos tintes son una gran preocupación medioambiental ya que retienen el color y la integridad estructural cuando se exponen a la luz solar, al suelo, a las bacterias y al sudor. También están diseñados para resistir la fotodegradación (Forgacs *et al.*, 2004). El volumen y la variedad de colorantes ácidos que deben eliminarse aumentarán considerablemente. El desarrollo de la seda, la lana, el nylon y las fibras acrílicas modificadas, por ejemplo, requiere nuevos tintes ácidos que se adhieran eficazmente a estas fibras. El Departamento de Comercio de los Estados Unidos ha pronosticado un aumento de 3,5 veces en la fabricación de estas fibras entre 1975 y 2020 (Walsh *et al.*, 1980). Los nuevos colores se producen continuamente por el cambio de las ideas sociales y la moda. A menudo se necesitan colores más brillantes y duraderos para satisfacer esta demanda.

Lo ideal sería que un solo tratamiento eliminara todos los tintes, independientemente de la estructura. En este estudio, el sistema UV-H2O2FS-TiO2 se utilizó para aumentar la eliminación de color en tiempos de reacción cortos. El semiconductor fue inmovilizado en una fina película. En la iluminación a las frecuencias UV apropiadas, los electrones dentro del semiconductor fueron excitados desde la banda de valencia a la banda de conducción, produciendo los pares electrón-agujero, que son los prerrequisitos para la fotocatálisis. Las reacciones de este par electrón-agujero con una variedad de aceptadores y donantes de electrones y los procesos de recombinación electrón-agujero han sido bien estudiados (Rothenberger *et al.*, 1985; Fox, 1991). En presencia tanto de gas de oxígeno disuelto como de H2O2 (Singh *et al.*, 2003; Shigwedha *et al.*, 2006), los electrones fotogenerados pueden ser recuperados. El H2O2 es de interés químico porque puede ser ampliamente utilizado como iniciador de reacciones radicales. Los agujeros fotogenerados dentro del TiO2 pueden inducir directamente la oxidación o sufrir transferencia de carga con una molécula de agua absorbida o especies de hidróxido ligadas a la superficie, lo que en última instancia conduce a la formación de radicales de hidroxilo (HO-). El radical hidroxilo ($E0$ = 2,80 V) puede abstraer un átomo de hidrógeno de los débiles enlaces C-H y reacciona con múltiples enlaces, incluyendo reacciones con sistemas aromáticos.

La literatura contiene muchos informes preliminares y teorías sobre el proceso primario de la fotocatálisis. Incluso hoy en día, los detalles de los mecanismos de reacción subyacentes de la fotocatálisis están lejos de ser comprendidos. Normalmente, la célula fotoelectroquímica emplea un voltaje de sesgo externo para separar deliberadamente los procesos de oxidación y reducción. En cambio, en la fotocatálisis, ambos procesos se producen en la superficie del mismo semiconductor, y la velocidad de reacción está limitada por el paso de reacción más lento, que en la mayoría de los casos se desconoce. Por consiguiente, la mayoría de los estudios de laboratorio se han limitado a la medición de la cinética de degradación general de los compuestos orgánicos modelo (Dillert y Bahnemann, 1994; Bahnemann, 1999; Hufschmidt *y otros*, 2004; Peller *y otros*, 2004).

Se sabe que las moléculas de colorante y los cromóforos relacionados, ya sea -N=N- o >C=O, involucrados dentro de la estructura molecular de los tintes se descomponen por fotocatálisis. Se han observado efectos de transferencia de electrones por irradiación visible y ultravioleta (UV) a distintas longitudes de onda en las estructuras de los tintes, lo que indica las capacidades tautoméricas de las moléculas de los tintes (Shore, 1990). Por el contrario, la absorción y el reflejo de la irradiación visible y de la UV son en última instancia responsables del color observado de los tintes (Zollinger, 1991).

En el presente capítulo se propone que: 1) el efecto tautomérico es uno de los procesos primarios que resultan de la iluminación de las bandas durante la irradiación del semiconductor y 2) en consecuencia, la capacidad de reproducir con rapidez y precisión los cambios en los espectros de absorción para las frecuencias visibles es fundamental para predecir la decoloración fotocatalítica de las soluciones de colorantes orgánicos.

Una medida cinética, CPT, se utiliza para analizar las observaciones resueltas en el tiempo dentro de la cinética de decoloración de los tintes orgánicos individuales. Los tiempos fotónicos críticos (CPT) miden el tiempo necesario para que el 90% de las oscilaciones entre los enlaces dobles y simples que se producen a lo largo de las cadenas moleculares conjugadas de las estructuras de los tintes, se oxiden con las irradiaciones adecuadas de un semiconductor. La técnica CPT explica más detalles mecánicos de la degradación de los tintes que las técnicas de absorción de reflectancia difusa o FTIR. Es adecuado para estudiar los químicos de color transitorios sin crear problemas durante la espectrofotometría UV-Vis. En particular, la técnica CPT proporciona más información sobre la resistividad de los colorantes orgánicos a todos los métodos de degradación, incluida la fotocatálisis. También explica en detalle la eficiencia y deficiencia de los fotones para la combinación de diferentes tintes e intensidades UV. Los resultados que aquí se presentan indican el valor de seleccionar métodos de espectrofotometría basados en CPT.

En el siguiente capítulo (Capítulo 5), clasificamos los CPT en función de los colorantes simples para predecir el orden de degradación de los colorantes en mezclas de diversas concentraciones. Los TPC predicen que la degradación de orden es la misma al final de la reacción, independientemente de las concentraciones. Esta hipótesis fue probada.

4.2 Procedimientos experimentales

4.2.1 Reactivos y materiales

Acid Blue 45, Acid Red 17 (Bordeaux R), Acid Yellow 36 (Metanil Yellow), y Acid Orange 52 (Methyl Orange) fueron comprados a la- compañía SigmaAldrich-. Se compró- una solución -acuosa de H_2O_2 al 30% (v/v) a la Compañía de Reactivos Químicos de Shangai. Todos estos químicos eran al menos de grado reactivo de laboratorio. El agua desionizada fue usada en todo el trabajo.

Se utilizaron tres lámparas UV (6 W cada una) como fuentes de luz: una lámpara fluorescente de luz negra y azul (BLB-) con una longitud de onda de 389 nm (FL6BLB-, Matsushita Electric Industrial Co., Ltd., Osaka), una lámpara germicida (GL6)- con una longitud de onda de 254 nm (GL6-, Sankyo Electric Co., Tokio), y una lámpara germicida (GLC)- con una longitud de onda de 254 nm (UVCS212T5-, Jiangyin UV Development Electric Co., Wuxi). El vidrio de película delgada de -TiO_2 fue proporcionado por el Instituto de Tecnología de Kyushu (Japón).

4.2.2 Sistema de reactor fotocatalítico y su método de funcionamiento

El reactor fotocatalítico (Shiraishi *et al.* , 2003), un depósito y una bomba peristáltica (BT00600M-, Lange Electric Co., Tianjin), se conectaron en un bucle y se recircularon en el sistema cerrado de recirculación de lotes. La cinética de decoloración se realizó en 400 mL de soluciones acuosas de tinte que contenían las concentraciones preferidas (50 mg/L cada una) a pH natural (6,50 ± 0,35). Las soluciones acuosas de tinte, dosificadas con 1 mL de H_2O_2, se recircularon primero a un flujo de 1 L/min en la oscuridad durante 5 min. Este tiempo fue suficiente para alcanzar una absorción equilibrada de los colorantes en el TiO2 inmovilizado como una fina película dentro del reactor. No se suministró gas de oxígeno al sistema. Las reacciones se iniciaron encendiendo las lámparas UV (BLB-, GL6- y GLC-) en el reactor, de forma secuencial. Se tomaron muestras alícuotas (5 mL) de estos tratamientos de forma consecutiva del depósito a intervalos de tiempo apropiados para determinar las TPC de cada patrón de decoloración.

4.2.3 Mediciones del espectro

Las tasas de decoloración se observaron en términos de cambios en las señales de absorbencia, utilizando un Shimadzu 2450: Corp. Espectrofotómetro UV-Vis, a través de células de cuarzo de 1 cm. Las absorbencias para el azul ácido 45, el rojo ácido 17, el amarillo ácido 36 y el naranja ácido 52 se midieron a 606, 493, 438 y 462 nm, que corresponden a sus longitudes de onda de absorción máxima en ese orden. El

Los valores de absorbencia se registraron como variables dependientes durante un período máximo de 80 minutos para optar por las pendientes de cada tratamiento. La decoloración se definió como la incapacidad de la solución acuosa de tinte para retener el color y la integridad estructural durante el proceso primario de oxidación avanzada (AOP) que se produce al absorber los fotones con una energía mayor que la de la banda de TiO2, en presencia de H2O2 desde el principio.

4.3 Resultados y discusión

4.3.1 Cinética de decoloración, tasas y CPT

El cálculo de los CPT fue un factor crítico para predecir los procesos primarios que ocurrían al iluminarse la banda dentro de la delgada película de TiO2 durante el proceso de decoloración. La degradación del color siguió la cinética de primer orden en cuanto a la absorción máxima del colorante en la banda visible. La línea de regresión se aplicó a las tasas de decoloración de estas frecuencias UV, para las cuales se observó la restricción del valor cuadrático de R-($R2 \geq 0,9831$). Los resultados se muestran en la Figura 4-1. Las tasas de decoloración se registraron en función de los cambios en la intensidad de los picos característicos de cada colorante.

Como se observa en las pendientes de cada tratamiento, los picos de absorción de los distintos tintes disminuyeron durante la reacción de oxidación, lo que indica que los tintes se han decolorado fotocatalíticamente. Las tasas de decoloración de este AOP disminuían perfectamente, a pesar de los errores experimentales. Además, se logró la decoloración completa cuando los valores absolutos de la pendiente recíproca de las líneas de regresión logarítmica lineal se multiplicaron por 2. No se observó ningún efecto significativo del proceso de adsorción durante los cursos de decoloración general. La información sobre la decoloración total no se incluye en la figura 4-1. Cabe señalar que el mecanismo de reacción de cada colorante no se aborda en este trabajo, ya que las diferentes rutas de reacción generalmente darían lugar a una cinética de reacción diferente. En la actualidad se están realizando estudios sobre qué tipo de intermediario(s) está(n) activo(s) para la degradación. La relación entre las lámparas UV y los TPC se discutirá más adelante.

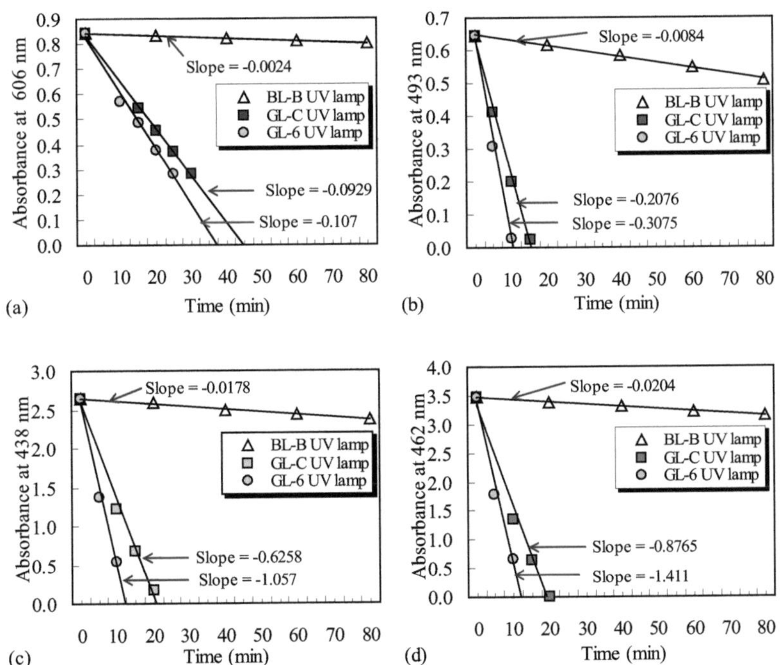

Figura 4-1: Cinética de decoloración fotocatalítica de colorantes seleccionados:

Azul ácido 45 (a), Rojo ácido 17 (b), Amarillo ácido 36 (c), y Ácido

Naranja 52 (d), usando las lámparas UV BLB-, GLC- y GL6

4.3.2 Medición de los TPC

Las tasas de decoloración representan la evidencia de la generación de CPT en condiciones experimentales similares. En el presente trabajo, los CPT para determinadas intensidades de UV se encontraron simplemente calculando el valor absoluto del inverso multiplicador de las pendientes que se muestra en la Figura 4-1. Un CPT se define como el tiempo (generalmente en min. con microsegundos de cuatro dígitos) necesario para que el 90% de las oscilaciones entre los enlaces dobles y simples que se producen a lo largo de las cadenas moleculares conjugadas de las estructuras de los tintes se oxiden en una solución acuosa tras la irradiación UV del semiconductor a longitudes de onda apropiadas durante el proceso de decoloración.

4.3.3 Relación entre los TPC y la resistividad de los colorantes

Los TPC han proporcionado información sobre la susceptibilidad de los cromóforos de colorante y sus complejas estructuras químicas para resistir el efecto de degradación fotocatalítica de la luz ultravioleta con una variedad de aceptadores de electrones (*cromógenos*) y donantes (*auxocromos*). La resistencia de los tintes a la fotodegradación se encuentra trazando los CPT contra las longitudes de onda de las lámparas UV. Los CPT aquí están trazados logarítmicamente como se observa en la Figura 4-2.

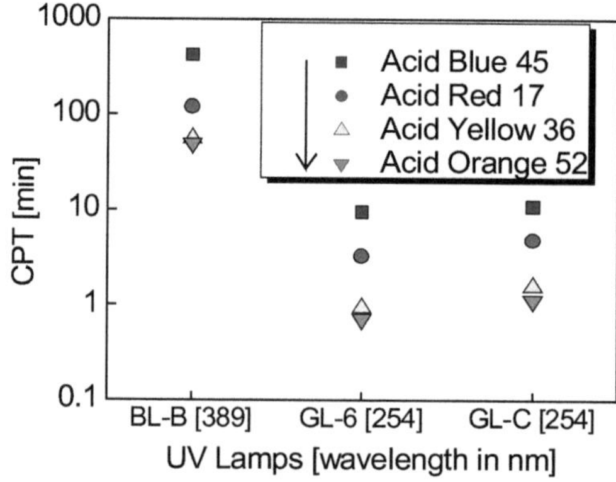

Figura 4-2: CPTs vs frecuencias UV específicas para los colorantes textiles seleccionados

Las tres lámparas UV utilizadas han mostrado una serie sistemática de clasificación de arriba a abajo de estos compuestos orgánicos dentro del rango de CPT entre 1000 y 0,6 min. Se supone que a una longitud de onda igual a 185 nm, la clasificación de arriba a abajo mejora cerca de 0,4 min. El Acid Blue 45, el actual colorante más clasificado en la Figura 4-2, denota la cantidad de su CPT que se requiere y, por lo tanto, exhibe la mayor resistencia en comparación con el segundo y el tercer colorante más clasificado. Estos resultados parecen haber demostrado una resistividad general de estos tintes a cualquier tratamiento de degradación en el siguiente orden: Acid Blue 45 > Acid Red 17 > Acid Yellow 36 ≈ Acid Orange 52.

Tanto en la irradiación visible como en la UV, se han observado efectos de transferencia de electrones a diferentes longitudes de onda en las estructuras de los tintes, apoyando las capacidades tautoméricas de las moléculas de los tintes (Shore, 1990). A lo largo de la cadena molecular conjugada se produce una oscilación entre los enlaces dobles y simples; por lo tanto, a medida que la cadena se alarga, la velocidad de vibración se hace más lenta, lo que da lugar a una tasa de degradación cinética más lenta (Shore, 1990). Este último ha significado resistividad o más bien dificultad

para degradar. En este caso, los TTC facilitaron un procedimiento de selección más rápido y sencillo para los tintes textiles difíciles de degradar, independientemente de que se pueda acceder o no a la información apropiada (especialmente la de los tintes comerciales).

4.3.4 Relación entre los TPC y la eficiencia de los fotones

Es eminente que la absorción de un fotón con una energía hv mayor o igual a la energía de bandgap del semiconductor (es decir, 3,2 eV para el TiO2 en su modificación de la anatasa) generalmente produce un par electrón-hueco en las partículas del semiconductor:

$$TiO_2 + hv \rightarrow TiO_2(e^-_{CB} + h^+_{VB}) \tag{4.1}$$

La intensidad de los fotones a este respecto puede medirse a partir de TPC de dos frecuencias UV diferentes durante el proceso de decoloración. La eficiencia de los fotones derivados (PEhv) se caracteriza por la Ec. (4.2). El PEhv para un cromóforo en particular es directamente proporcional a las salidas de los fotones e inversamente proporcional a los CPT en una escala logarítmica:

$$PE^{hv} = \frac{\lambda_2 - \lambda_1}{\log \dfrac{CPT_2}{CPT_1}} \tag{4.2}$$

donde PEhv es una eficiencia de los fotones requerida para una reducción de 10 veces en CPTs, λ_1 la frecuencia UV de la lámpara 1, λ_2 la frecuencia UV de la lámpara 2, CPT1 el CPT obtenido con la lámpara 1 en $\lambda 1$, y CPT2 es el CPT obtenido con la lámpara 2 en $\lambda 2$.

La eficiencia de los fotones es el registro de los CPT, definido como un número adimensional, de tal manera que la intensidad de los fotones se incrementa en las lámparas UV para obtener un valor de 1 o 90% de las oscilaciones en los CPT. Esto se dedujo de los datos experimentales. Por lo tanto, los CPT y PEhv describen mejor la cinética de decoloración de cualquier solución de colorante orgánico dado (o su croma en las aguas residuales). En el pasado, la evaluación de la eficiencia fotónica en la fotocatálisis heterogénea seguía siendo difícil de realizar porque el número de fotones absorbidos era difícil de evaluar experimentalmente (Netto *et al.*, 2004).

Las diferencias en las unidades de absorbancia (u.a.) de las variables dependientes (eje *y)* *observadas anteriormente* en la Figura 4-1 no causan ninguna incertidumbre al evaluar el PEhv, siempre que el parámetro del contaminante en cuestión sea del orden de o menos de 70 mg/L. Este hecho fue corroborado principalmente durante las mediciones de la cinética del par electrón-agujero en el Capítulo 3. Las unidades de absorbencia variaron en un rango de 0,645-3,475 a.u. Además, se reconoció que el PEhv sólo se considera durante el período de decoloración. Predecir el valor de CPT para una frecuencia, usando PEhv y CPT para otras dos frecuencias es complejo cuando se ejecuta matemáticamente.

4.3.5 Relación entre los TPC y la deficiencia de fotones

Por el contrario, la deficiencia de fotones (PDhv) en una lámpara UV de baja intensidad de fotones, basada en su edad, diseño o calidad, puede determinarse a partir de CPT de las otras dos frecuencias, de las cuales una es similar a ella, y su propia CPT. La deficiencia de fotones derivados se explica por la siguiente ecuación:

$$PD^{hv} = (\lambda_2 - \lambda_1) \frac{\log \dfrac{CPT_1}{CPT_3}}{\log \dfrac{CPT_2}{CPT_1} \cdot \log \dfrac{CPT_2}{CPT_3}} \tag{4.3}$$

donde PDhv es la deficiencia de fotones en una lámpara UV más débil 3, λ_1 la longitud de onda UV de la lámpara 1, λ_2 la longitud de onda UV de la lámpara 2, CPT1 es un CPT obtenido con la lámpara 1 en λ_1, CPT2 un CPT obtenido con la lámpara 2 en λ_2, y CPT3 es un CPT obtenido con la lámpara UV 3 más débil a una longitud de onda equivalente de λ_1.

Entre las dos lámparas de UV (GL-C y GL-6), ambas con una longitud de onda de 254 nm, la GL-6 se comportó de manera más rápida durante el período de decoloración (ver Figuras 4-1 y 4.2). Sobre esta base, se considera que la lámpara GL-C tiene una baja intensidad de fotones. Los resultados autentificaron además que la degradación fotocatalítica de los tintes textiles es específica de la intensidad de los fotones (comparar GL6- y GLC-) y específica de la longitud de onda (comparar BLB- y GL6-). Asimismo, la fuente, el diseño, la longitud del arco y la edad de las lámparas UV son importantes. Por lo tanto, en los casos en que el PDhv se debe a la tecnología de las lámparas, es necesario aumentar la producción de fotones para proporcionar una energía lo suficientemente alta como para destruir el material orgánico a un bajo costo. Gregor (1992) ha señalado que se necesitan lámparas de alta eficiencia que exciten los protones a altos niveles de energía para la degradación efectiva de los compuestos orgánicos. Alternativamente, se ha demostrado que la luz solar como fuente de luz tiene la mayor fracción de fotones con la energía necesaria para impulsar las fotorreacciones (Pérez *et al.*, 2002).

Se observó que la TPC era una herramienta útil para estimar la cinética de la degradación fotocatalítica de los tintes y evaluar simultáneamente la cantidad de energía de rayos ultravioleta que cada lámpara emite durante el proceso de fotocatálisis. La afiliación de la CPT a PEhv y PDhv se describe en las Ecs. (4.2) y (4.3), respectivamente. Sin embargo, la determinación de la CPT a partir del PEhv y de las CPT conocidas es bastante difícil de realizar matemáticamente (Capítulo 3).

Tabla 4-1: Resumen de las relaciones estudiadas vinculadas a los TPC.

Tintes ácidos	Lámpara UV (nm): CPT (min)		PEhv	PDhv
Acid Blue 45; C.I. 63010	BL-B (389):	416.6667	85.02	
C14H8N2Na2O10S2	GL-C (254):	10.7643		
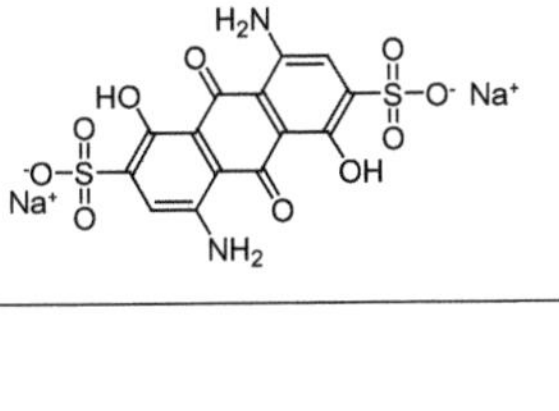	BL-B (389):	416.6667	81.86	3.16
	GL-6 (254):	9.3458		
	GL-C (254):	10.7643		
	GL-6 (254):	9.3458		

Colorante	Lámpara (nm)	Valor		
Acid Red 17; C.I. 16180 C20H12N2Na2O7S2	BL-B (389):	119.0476	96.92	
	GL-C (254):	4.8170		
	BL-B (389):	119.0476	86.34	10.58
	GL-6 (254):	3.2520		
	GL-C (254):	4.8170		
	GL-6 (254):	3.2520		
Amarillo ácido 36; C.I.13065 C18H14N3NaO3S	BL-B (389):	56.1798	87.32	
	GL-C (254):	1.5980		
	BL-B (389):	56.1798	76.11	11.21
	GL-6 (254):	0.9461		
	GL-C (254):	1.5980		
	GL-6 (254):	0.9461		
Ácido Naranja 52; C.I.13025 C14H14N3NaO3S	BL-B (389):	49.0196	82.66	
	GL-C (254):	1.1409		
	BL-B (389):	49.0196	73.37	9.29
	GL-6 (254):	0.7087		
	GL-C (254):	1.1409		
	GL-6 (254):	0.7087		

Nota: Todos los colorantes probados son colorantes ácidos. Sin embargo, la profundidad del color para el Acid Blue 45 (un colorante de antraquinona) está correlacionada con la transición $n \rightarrow \pi^*$ en >C=O cromógeno, mientras que la de otros tres colorantes mono-azo está correlacionada con la $n \rightarrow \pi^*$ transición en -N=N- cromógeno.

Toda la información de este estudio se resume en la Tabla 4-1, en la que se dan las estructuras químicas, los números C.I. y las fórmulas moleculares de los cuatro colorantes ácidos. Se observa que todos los tintes fueron decolorados junto con las respectivas lámparas UV. La lámpara GL-6 era más rápida, mientras que la BL-B era bastante más lenta. Sin embargo, los aumentos de PEhv representados en las lámparas de UV causarán un atasco de vibraciones en los CPT, aunque la naturaleza del proceso primario varía con la naturaleza de las moléculas de colorante. Por último, en la tabla 4-1 se destaca que la evaluación de la PDhv en lámparas UV de baja intensidad de fotones también depende de la naturaleza de los tintes, las características del croma, el número de anillos de benceno, naftalina o antraquinona y los factores relacionados con los pesos moleculares (compárese GLC-: CPT y GL6-: CPT); por lo tanto, su valor no podría ser idéntico.

La decoloración completa de las soluciones de tintes textiles ácidos se ha logrado aplicando simultáneamente UV-H2O2 desde el principio e inmovilizando el TiO2 como fotocatalizador. Los TPC calculados durante la decoloración explican la resistividad de los tintes orgánicos y la evaluación tanto de la eficiencia como de la deficiencia de los fotones. Se hicieron radiaciones con diferentes fuentes de luz con salida de fotones por debajo de 400 nm. Tanto la intensidad de los fotones como las longitudes de onda específicas de las lámparas UV seleccionadas resultan ser particularmente específicas durante el proceso de fotodegradación de los tintes textiles. Se ha desarrollado con éxito otro conjunto de predicciones que reproducen, con una precisión razonable, los datos disponibles experimentalmente.

4.4 Referencias

Bahnemann, D.: Desintoxicación fotocatalítica de aguas contaminadas. Dentro: Boule, P. (ed) *The handbook of environmental chemistry, Vol.2, Part L, Environmental Photochemistry*, Springer, Berlín, 1999, p 286-351

Dillert, R. y Bahnemann, D.: Degradación fotocatalítica de los contaminantes orgánicos: Mecanismos y aplicaciones solares. Boletín de la **EPA** 52(1994)33-52

Forgacs, E.; Cserháti, T. y Oros, G.: Eliminación de tintes sintéticos de las aguas residuales: Una revisión. **El medio ambiente. Interno.** 30(2004)953-971

Transferencia de electrones fotoinducida en medios arreglados. **Arriba. Curr. Química.** 159(1991)67-101

Gregor, K.H. : Decoloración oxidativa de aguas residuales textiles con procesos oxidativos avanzados. Peroxid-Chemie GmbH, D-8023 Hollriegelskreuth, FRG 1992

Hufschmidt, D.; Liu, L.; Selzer, V. y Bahnemann, D.: Tratamiento fotocatalítico del agua: Conocimientos fundamentales necesarios para su aplicación práctica. **Water Sci. Technol.** 49(2004)135-140

Netto, G.C.; Sauer, T.; José, H.J.; Moreira, F. y Humeres, E.: Evaluación de la eficiencia fotónica relativa en reactores fotocatalíticos heterogéneos. **J. Manejo de desechos de aire. Assoc.** 54(2004)1:77-88

Pérez, M.; Torrades, F.; García-Hortal, J.A.; Domènech, X. y Peral, J.: Eliminación de contaminantes orgánicos en los efluentes del tratamiento de la pulpa de papel en condiciones de Fenton y Photo-Fenton. **Appl. Catal. B: Medio ambiente.** 36(2002)63-74

Rothenberger, G.; Moser, J.; Grätzel, M.; Serpone, N. y Sharma, D.K.: Trampa de portadores de carga y dinámica de recombinación en pequeñas partículas semiconductoras. **J. Am. Química. Soc.** 107(1985)8054-8059

Shigwedha, N.; Hua, Z. y Chen, J.: Inmovilizar el TiO2 permite que el H2O2 esté presente al principio y mejora la fotodegradación del amarillo ácido 36 (AY-36). **J. Chem. Eng. Japón,** 39(2006)475-480

Shiraishi, F.; Nakasako, T. y Hua Z. : Formación de peróxido de hidrógeno en reacciones fotocatalíticas. **J. Phys. Química. A** 107(2003)11072-11081

Shore, J.: Dye structures and application properties; Colorants and Auxiliaries, Vol.1, Society of dyes and colorists, P 74. BTTG. Shirley, Inglaterra REINO UNIDO 1990

Singh, H.K.; Muneer, M. y Bahnemann, D.: Degradación fotocatalítica de un derivado herbicida, el bromacil, en suspensiones acuosas de dióxido de titanio. **J. Photochem. Fotobiol. Sci.** 2(2003)2:151-156

Walsh, G.E.; Bahner, L.H. y Horning, W.B.: Toxicidad de los efluentes de las fábricas textiles para las algas, los crustáceos y los peces de agua dulce y del estuario. **El medio ambiente. Contaminación (Serie A)** 2(1980)169-179

Zollinger, H.: Química del color: *Síntesis, propiedades y aplicaciones de los tintes y pigmentos orgánicos.* P 496. John Wiley & Sons Inc. 1991

5

EL ORDEN DE LA DEGRADACIÓN FOTOCATALÍTICA CLASIFICADO POR TIEMPOS FOTÓNICOS CRÍTICOS (CPTS) INDICA LA COMPOSICIÓN DE LAS MEZCLAS DE COLORANTES ORGÁNICOS: SELECTIVIDAD DE LOS RADICALES DE HIDROXILO

Journal of Environmental Science and Health - Part A, Hazard/Toxic and Environmental Engineering, en la prensa.

5.1 Introducción

El análisis de las mezclas de colorantes orgánicos mediante métodos espectrofotométricos es difícil porque las interferencias espectrales dan lugar a bandas de absorción muy superpuestas. Para este análisis, el método convencional de calibración univariante es impracticable, porque una especie interfiere con las señales de absorción de la otra (Peralta-Zamora *et al.*, 1998). Se han utilizado varios métodos para la determinación de la mezcla de colorantes en diferentes matrices. Muchos procedimientos se basan en métodos electroanalíticos (Cruces-Blanco *y otros*, 1996; Mo *y otros*, 1992; Becerro-Domingues *y otros,* 1990; Maslowska y Janiak, 1990; Ni y Bai, 1997) o electroforéticos (Tapley, 1995; Lord y otros, 1995; Desiderio *y otros,* 1998).

Antes de 1995, los métodos espectrofotométricos recomendaban que los analitos individuales preliminares se separaran antes de comenzar el análisis. Después de 1995, el desarrollo de métodos numéricos robustos (Cruces-Blanco *y otros*, 1996), en particular la espectrofotometría derivada controlada por ordenador (Pappano *y otros,* 1997; Dabbene *y otros*, 1997; Wang *y otros,* 1996; Prasad y otros, 1997; Vidotti *y otros..*, 2005), el método de adición de patrones de punto H (Campíns-Falcó *y otros,* 1995; Campíns-Falcó *y otros,* 1996) y la calibración multivariante (Peralta-Zamora *y otros*, 1998; Miller, 1995; De Giorgi y Carpignano, 1996; De Giorgi *y otros*, 1998; De Souza y Peralta-Zamora, 2001), han hecho posible la determinación espectrofotométrica de los analitos. Estos métodos requieren mucho tiempo y trabajo porque los modelos matemáticos estadísticos son críticos para el éxito. Una medida cinética más rápida y menos costosa se presenta aquí. Sin embargo, es posible vigilar químicamente la cinética de decoloración de un colorante cuando se trata una mezcla de tres tintes mediante ozonización (Peralta-Zamora *y otros*, 1998). Este trabajo predice la cinética de la decoloración y mineralización fotocatalítica de una amplia variedad de muestras reales de aguas residuales textiles de una fábrica local de teñido de textiles que contiene cuatro tintes ácidos (Acid Orange 52, Acid Yellow 36, Acid Red 17 y Acid Blue 45), alcohol polivinílico (PVA) y otros tintes desconocidos para nosotros, utilizando el procedimiento de clasificación del tiempo fotónico crítico (CPT).

La teoría CPT es una medida cinética muy útil en la decoloración fotocatalítica de los tintes textiles, principalmente para predecir sus procesos primarios (capítulos 3 y 4) que se producen al iluminarse la banda de TiO_2 inmovilizado en presencia de una minúscula concentración de H_2O_2FS (Shigwedha *et al.*, 2006; capítulo 2). Los CPT fueron calculados y clasificados del 1 al 4 desde el más pequeño al más grande. Los rangos indican el orden en el que los tintes individuales en los efluentes textiles se degradaron. Las clasificaciones del CPT predicen que el orden de degradación se debió a la selectividad de los radicales hidroxilo (HO-), independientemente de las concentraciones de colorante y del efecto de la matriz en las muestras reales de aguas residuales.

5.2 Procedimientos experimentales

5.2.1 Análisis

Las verdaderas aguas residuales eran efluentes obtenidos de una instalación de fabricación en la provincia china de Jiangsu. Los efluentes estaban muy coloreados debido a la presencia de tintes del proceso de teñido de las fibras, que es el principal problema en el tratamiento de este efluente. Las muestras se almacenaron a 4°C para evitar su degradación por medios distintos al programado y se utilizaron sin tratamiento previo. Los siguientes son valores representativos basados en nuestros análisis {pH: 8,78; absorbancia a 586 nm: 0.988 (a.u.); COD = 426 mg/L}. Las aguas residuales fueron fortificadas con Acid Blue 45, Acid Red 17, Acid Yellow 36 y Acid Orange 52. Los colorantes ácidos se añadieron intencionadamente a las aguas residuales reales en las diversas concentraciones porque sus cromóforos tenían que ser regulados. El PVA-1799 (1500 mg/L) también fue fortificado con las aguas residuales reales. Sin embargo, el principio de esta verdadera síntesis de aguas residuales era hacer aguas residuales compuestas con compuestos fotodegradables difíciles conocidos. Los tintes fueron comprados a la compañía Sigma-Aldrich, y sus estructuras químicas se muestran en el Capítulo 4, Tabla 4-1.

Las tasas de decoloración se observaron en términos de cambios en las señales de absorbancia y transmisión, utilizando un Shimadzu 2450: Corp. Espectrofotómetro UV-Vis, a través de células de cuarzo de 1 cm. Las absorbencias para el azul ácido 45, el rojo ácido 17, el amarillo ácido 36 y el naranja ácido 52 se midieron a 606, 493, 438 y 462 nm, que corresponden a sus longitudes de onda de absorción máxima en ese orden.

La decoloración se definió como la incapacidad de la solución acuosa de tinte para retener el color y la integridad estructural durante el proceso primario de oxidación avanzada (POA) que se produce en el sistema UV-H2O2FS-TiO2. Tanto el PVA-1799 como una solución acuosa de H2O2 al 30% (v/v) fueron comprados a la Compañía de Reactivos Químicos de Shangai. La eficiencia del ataque HO-- fue evaluada por el carbono orgánico total (COT), el carbono inorgánico total

(TIC), y el nitrógeno total (TNb), usando un analizador liquiTOC fabricado por Elementar-Company, Hanau. La determinación de la DQO se midió mediante la digestión de la muestra con potasio

dicromato (K2Cr2O7) en ácido sulfúrico y calentando a 165°C durante 10 min. Después de la digestión, el K2Cr2O7 que quedaba sin reducir se medía mediante la técnica colorimétrica con un- instrumento de análisis rápido de la DQO del tipo 5B1- (Lanzhou Environmental Technology Co., Ltd). El PVA fue identificado usando un espectrofotómetro Nicolet Nexus® 470 FT-IR (Thermo Electron Corp., EE.UU.). Alrededor de 0,1-0,2 mg de las muestras se molieron en polvo (diámetro < 0,25 μm), junto con 100-300 mg de KBr en un crisol antes de ser exprimidas en un muestreador.

5.2.2 Sistema de reactor fotocatalítico y su método de funcionamiento

El reactor fotocatalítico (Shiraishi *et al.*, 2003), un depósito de flujo mixto y una bomba peristáltica (BT00-600M, Lange, Tianjin) fueron conectados en un bucle y recirculados en el sistema cerrado del reactor de recirculación de lotes. Se realizaron experimentos de fotocatálisis en 400 mL de aguas residuales que contenían los conocidos colorantes ácidos, PVA, y varios colorantes desconocidos para nosotros. Por diseño, las concentraciones de colorante conocidas en sus respectivas muestras variaron entre 4 y 70 mg/L al azar. El pH de cada tratamiento no se ajustó a ningún valor. Cada tratamiento se dosificó con 1 mL de H2O2 y se recirculó a un flujo volumétrico de 1 L/min en la oscuridad durante 5 min. Esta vez fue suficiente para alcanzar una absorción equilibrada de los colorantes en la fina película de TiO2 inmovilizada dentro de un reactor. El gas O2 no fue suministrado al sistema. El vidrio de película delgada de TiO2 fue proporcionado por el Instituto de Tecnología de Kyushu (Japón). Las reacciones se iniciaron encendiendo la lámpara UV del reactor. La lámpara UV utilizada como fuente de luz era una lámpara germicida (GL-6) con una longitud de onda de 254 nm (6 W; GL-6, Sankyo Electric Co.., Tokio). El efecto de la temperatura fue insignificante. Se tomaron alícuotas de 5 mL consecutivamente del depósito a intervalos de 20 minutos para determinar los CPT para el método propuesto.

5.3 Resultados y discusión

5.3.1 Método de clasificación del CPT

En la Tabla 5-1 se enumeran los CPT calculados y sus rangos a varias concentraciones de colorante en muestras de aguas residuales después de varios minutos de tratamiento con UV-H2O2FS-TiO2. Los TPC se calcularon a partir de sus correspondientes valores de absorbencia (a.u.), y se desarrolló un método de clasificación de esos TPC. La ecuación de diseño para la CPT se describe en el Capítulo 3 (véase la Ec. (3.7). La cinética de decoloración debida a los TPC fue evaluada comparándola con diferentes

mezclas de concentraciones de colorante a intervalos de 20 min. y clasificándolas de 1 a 4 desde la más pequeña a la más grande. La razón de la clasificación era determinar la tasa de pérdida de color, prediciendo así el tiempo necesario para la decoloración de cada colorante en el efluente textil. Como se observó en todos los experimentos, los rangos de CPT fueron idénticos hacia el final de los tratamientos. Esta observación nos llevó a la conclusión de que los rangos indican el orden en que estos tintes individuales se degradaron. En el experimento de control se evaluaron los rangos de CPT de los colorantes conocidos en el efluente con 50 mg/L de cada colorante (Cuadro 5-1: Rango (a)).

El patrón de clasificación de los TPC fue muy comprensible. En el experimento de control, los CPT para el Naranja Ácido 52 y el Amarillo Ácido 36 fueron casi iguales pero variaron en otros experimentos en la absorción inicial de color de 0,884 - 1,132 a.u. Sin embargo, como los CPT estaban en microsegundos, fue posible diferenciar entre estos dos tintes estrechamente relacionados. Por lo tanto, se espera que en el método de clasificación CPT, los cromóforos con casi las mismas estructuras moleculares puedan clasificarse por pares cuando sus concentraciones en el efluente son las mismas.

El Azul Acido 45 fue el colorante más resistente que se encontró durante el proceso de degradación fotocatalítica, como lo demuestra su clasificación de 4 en todo el proceso, incluso en su concentración más baja (Cuadro 5-1: Clasificación (d)). Además, el azul ácido 45 no se vio afectado por el grave problema de superposición, como se observó entre los azocolorantes (naranja ácido 52, amarillo ácido 36 y rojo ácido 17). La complejidad de la interferencia espectral para los tintes utilizados en este trabajo se muestra en la Figura 5-1. Por esa razón, se recomienda el método de absorbancia de integración ($\int$Abs.) en las mediciones de CPT.

La interferencia es especialmente crítica para el Rojo Acido 17 cuya respuesta de absorción está influenciada por el Naranja Acido 52 y el Amarillo Acido 36. No obstante, la reproducibilidad y la repetibilidad del método de clasificación de la TPC demostraron ser una identidad altamente diagnóstica de los tintes individuales en los que se suponía que los radicales hidroxilo (HO-) eran específicos y selectivos. La influencia del HO- se hizo notar directamente cuando los rangos del CPT proporcionaron el siguiente orden de fotodegradación: Naranja ácida 52 < Amarillo ácido 36 < Rojo ácido 17 < Azul ácido 45 hacia el final de todos los tratamientos. Este orden concuerda muy bien con nuestro trabajo anterior sobre la predicción de la resistencia cuando estos tintes fueron tratados individualmente (Capítulo 4).

Tabla 5-1: Clasificación de la CPT: composición de la mezcla (mg/L) de Naranja Ácido 52, Amarillo Ácido 36, Rojo Ácido 17 y Azul Ácido 45 en el agua residual textil real

	Ao	A	CPT	Rango (a)	Ao	A	CPT	Rango (b)	Ao	A	CPT	Rango (c)	Ao	A	CPT	Rango (d)
Naranja ácida 52	50 mg/L				45 mg/L				5 mg/L				36 mg/L			
20 minutos	1.877	1.154	41.1150	1	0.900	0.460	29.7988	2	0.901	0.549	40.3709	1	1.132	0.488	23.7692	1
40 minutos	1.877	0.680	39.3958	1	0.900	0.264	32.6146	1	0.901	0.355	42.9467	1	1.132	0.248	26.3450	1
60 minutos	1.877	0.452	42.1423	1	0.900	0.183	37.6670	1	0.901	0.244	45.9300	1	1.132	0.174	32.0395	1
80 minutos	1.877	0.314	44.7418	1	-	-	-	-	-	-	-	-	-	-	-	-
Amarillo ácido 36	50 mg/L				52 mg/L				33 mg/L				20 mg/L			
20 minutos	1.819	1.124	41.5461	2	0.884	0.473	31.9815	3	0.965	0.597	41.6484	2	1.101	0.504	25.5952	2
40 minutos	1.819	0.708	42.3909	2	0.884	0.284	35.2273	2	0.965	0.388	43.9019	2	1.101	0.271	28.5336	2
60 minutos	1.819	0.447	42.7508	2	0.884	0.199	40.2373	2	0.965	0.265	46.4253	2	1.101	0.191	34.2524	2
80 minutos	1.819	0.340	47.7015	2	-	-	-	-	-	-	-	-	-	-	-	-
Acid Red 17	50 mg/L				70 mg/L				13 mg/L				12 mg/L			
20 minutos	1.826	1.162	44.2492	3	0.755	0.382	29.3558	1	0.645	0.459	58.7889	3	0.887	0.412	26.0817	3
40 minutos	1.826	0.787	47.5254	3	0.755	0.243	35.2841	3	0.645	0.313	55.3214	3	0.887	0.227	29.3493	3
60 minutos	1.826	0.527	48.2826	3	0.755	0.170	40.2436	3	0.645	0.227	57.4547	3	0.887	0.161	35.1609	3

	50 mg/L				40 mg/L				23 mg/L				6 mg/L			
80 minutos	1.826	0.354	48.7631	3	-	-	-	-	-	-	-	-	-	-	-	-
Acid Blue 45	50 mg/L				40 mg/L				23 mg/L				6 mg/L			
20 minutos	0.703	0.535	73.2359	4	0.401	0.296	65.8757	4	0.463	0.370	89.1965	4	0.402	0.293	63.2352	4
40 minutos	0.703	0.406	72.8592	4	0.401	0.208	60.9363	4	0.463	0.289	84.8716	4	0.402	0.201	57.7078	4
60 minutos	0.703	0.315	74.7399	4	0.401	0.135	55.1123	4	0.463	0.202	72.3363	4	0.402	0.135	54.9865	4
80 minutos	0.703	0.223	69.6752	4	-	-	-	-	-	-	-	-	-	-	-	-

Ao es la unidad de absorbencia original del depósito en la longitud de onda de máxima absorción (AU); A es la unidad de absorbencia del efluente recirculado en el tiempo t (AU), y CPT es el tiempo fotónico crítico (min).

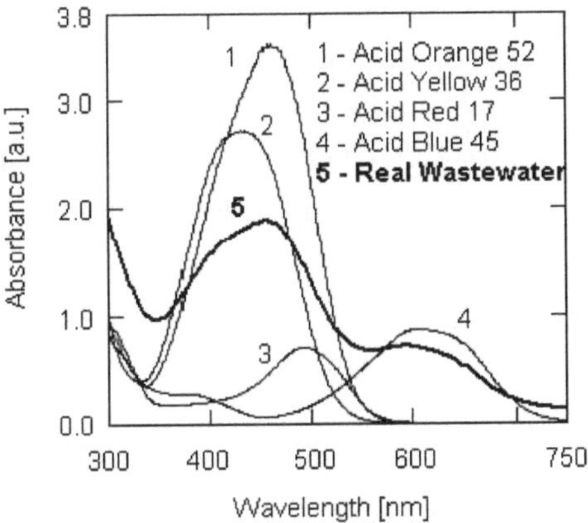

Figura 5-1: Espectros típicos de los tintes ácidos individuales y su apariencia
en aguas residuales reales a la concentración de 50 mg/L de cada

5.3.2 Detalles mecánicos del ataque de especificidad y selectividad HO a los compuestos orgánicos en las aguas residuales industriales: un estudio teórico basado en el método de clasificación CPT

En el ataque de los radicales hidroxilo de los tintes orgánicos, los cromóforos se descomponen, independientemente de la técnica utilizada para formar los radicales HO-. Los grupos azoicos tenían un alto porcentaje de decoloración que el grupo de las antraquinonas (Cuadro 5-1). Los mecanismos de decoloración de los tintes dentro de las mezclas fueron representados por rangos de CPT que predicen detalles sobre las reacciones del tautómero fotocromofílico con los radicales HO- formados. Los rangos del CPT en el experimento de control mostraron la secuencia de degradación por los ataques de radicales HO-. Los ataques comenzaron con la dimetilbencenamina en Acid Orange 52, la difenilamina en Acid Yellow 36 y la naftalina en Acid Red 17 en ese orden. Los valores de cercanía de los CPT indican que los radicales HO- atacan a los grupos azoicos de forma paralela. La presencia de >C=O cromóforos en el Acid Blue 45 en la posición central del cromógeno diamino-dihidroantraceno diol se considera una razón que lleva a la lenta ruptura de este enlace con los radicales HO-. Tanto la especificidad como la regioselectividad para el ataque HOa los colorantes individuales dentro de una mezcla se demostraron por lo tanto clasificando los CPT. En el pasado, los radicales HO- se consideraban como no selectivos

(Augugliaro y Schiavello, 1991; Mao y Smith, 1995; Glaze *y otros, 1995;* Liao y Gurol, 1995; Rice, 1997; Freire y *otros*, 2000; Malato y otros, 2000; An y Carraway, 2002; Alhakimi *y otros,* 2003; Marugán y otros, 2006), pero se ha notificado un alto grado de selectividad (Peller *y otros,* 2004).

5.3.2.1 Especificidad del ataque HO

La clasificación de CPT para los primeros 20 minutos de tiempo de reacción revela cuán específicamente los radicales HO- atacan estos tintes individuales en sus efluentes textiles. Los experimentos de competencia entre el Naranja Ácido 52 y el Amarillo Ácido 36 especifican que un enlace azoico del Naranja Ácido 52 se rompe primero cuando las concentraciones de estos tintes son idénticas (Tabla 5-1: Clasificación (a)). En la proporción de 45:52:70 (Naranja ácido 52 vs. Amarillo ácido 36 vs. Rojo ácido 17), los radicales HO- atacaron primero al Rojo ácido 17 y redujeron las concentraciones generales de colorante en los efluentes en aproximadamente un 98% a los 60 min. para equilibrar la situación (Tabla 5-1: Clasificación (b)). El patrón de especificidad de los radicales HO- en tiempos de reacción de 20 y 40 min. se hizo evidente directamente cuando las proporciones (Tabla 5-1) fueron sometidas a fotocatálisis.

5.3.2.2 Regioselectividad de HO--ataque

La selectividad de los radicales HO- fue aclarada por los experimentos de competencia entre los cromóforos, es decir, -N=N- y >C=O. En el experimento de control, el patrón de clasificación dio una indicación de que los enlaces azoicos entre los anillos aromáticos se rompen primero, seguido de un enlace azoico entre los anillos de naftalina, y después el enlace antraquinoide. El Azul Acido 45 fue indiscutiblemente clasificado como 4 durante todo el experimento, independientemente de su concentración entre otros tintes. Esto nos llevó a la conclusión de que los radicales HO- son muy selectivos en sus ataques de especificidad. Los resultados se confirman a partir de los rangos del CPT de 20, 40, 60 y 80 min en la Tabla 5-1. Los resultados sugirieron además que las concentraciones de colorante para todas las proporciones eran prácticamente nulas al final del proceso. Por consiguiente, su evaluación fue posible.

En otra serie de experimentos, la correlación con el ataque radical TOC, TIC, TNb y HO- se realizó sobre una concentración total de CODPVA de 869,55 (mg/L) junto con los colorantes del experimento de control (Tabla 5-1: Clasificación (a)). Los resultados se presentan en la figura 5-2.

Después de 450 minutos de tiempo de oxidación, se logró casi la completa mineralización de todos los tintes y la concentración de PVA en un efluente de mezcla que contenía tintes. Tanto la tasa de eliminación del COT como la reducción de la DQO de alrededor del 90% se observaron al mismo tiempo. Los carbones orgánicos fueron el único objetivo del HO--la oxidación mediada que finalmente llevó al $_{CO2}$ y al H2O. Una observación clave en la degradación del TOC es que no se produjo una acumulación significativa de TIC o TNb, lo que confirmó la principal fuerza de los radicales HO- y su orden de selectividad durante el proceso general de degradación fotocatalítica. Una reducción de la DQO en el HO--la oxidación mediada de este efluente textil sintetizado se debe a la reducción del COT.

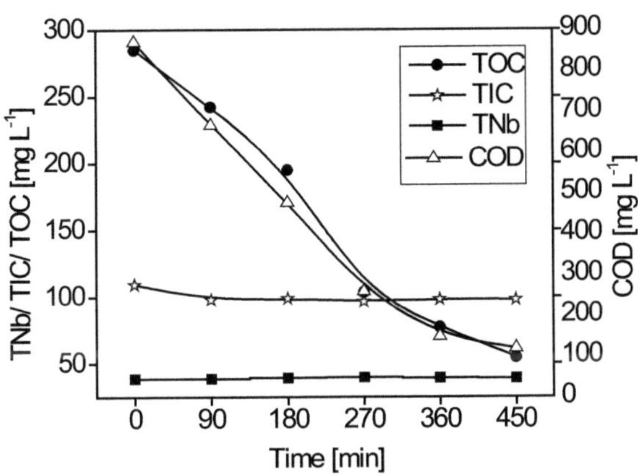

Figura 5-2: Fotocatálisis de la concentración total de CODPVA de 869,55 (mg/L) junto con los tintes (Acid Orange 52, Acid Yellow 36, Acid Red 17, Acid Blue 45) en su mezcla de 50 mg/L cada uno

En la Figura 5-3, también es posible observar claramente que la degradación del PVA, medida como la selectividad del ataque HO-- fue confirmada por la radiación IR, lo que indica una degradación de los principales componentes del PVA poco después de la clasificación del CPT.

Las vibraciones asimétricas de estiramiento del PVA en precisamente alrededor de 2943 cm-1 y 2908 cm-1 en el afluente fueron claras para esta identificación. En el efluente, las vibraciones de deformación del PVA se confirmaron en alrededor de 1404 cm-1. Además, las dos bandas características de los sulfatos inorgánicos a alrededor de 1130 cm-1 y 621 cm-1 no parecían estar afectadas, y sus productos de degradación y formación estaban en equilibrio como se observó antes por el análisis de TNb/TIC. De manera similar, las vibraciones de deformación del NH2 en la muestra de efluentes también se observaron a unos 1620 cm-1.

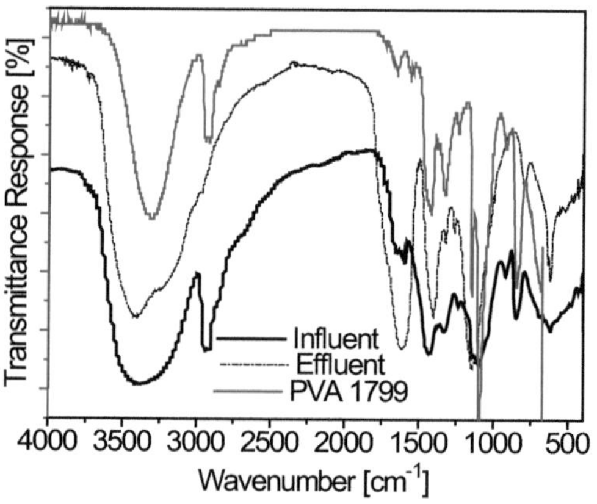

Figura 5-3: Espectros FT-IR para las aguas residuales textiles estudiadas
que consiste en PVA-1799 (antes y después del tratamiento)

Se demostró la utilidad del método de clasificación CPT en la identificación de los tintes orgánicos. El método permitió una complejidad de resolución de los espectros de absorción de los tintes en el efluente textil, permitiendo la separación de los cromóforos, en particular los grupos azoicos. Los resultados obtenidos de las comparaciones de cuatro muestras complejas de aguas residuales en la Tabla 5-1 fueron comprensibles, lo que indica que es posible determinar la composición de las mezclas de colorantes por el método de clasificación CPT. Conocer las concentraciones de colorantes de los efluentes no era crucial porque las unidades máximas de absorbencia representaban las concentraciones iniciales de colorantes. Se concluyó que el HO- actuó de manera explícita y selectiva durante el proceso de fotocatálisis. La influencia de estas especies altamente reactivas conduce al siguiente orden de degradación: Naranja ácida 52 <

Amarillo ácido 36 < Rojo ácido 17 < Azul ácido 45 < PVA. Las concentraciones detalladas de colorantes en las muestras recogidas al final del proceso se mineralizaron para su evaluación. La combinación del método de clasificación CPT y el mecanismo de ataque de radicales HO- es muy adecuada para la determinación simultánea de los compuestos orgánicos en las mezclas. Aunque los detalles mecanicistas de la especificidad y la regioselectividad para los radicales HO- podrían ser más complicados, la utilidad práctica de las clasificaciones del CPT es esencial.

5.4 Referencias

Alhakimi, G.; Gebril, S. y Studnicki, L.H.: Degradación fotocatalítica comparativa utilizando luz ultravioleta artificial natural de 4-clorofenol como compuesto representativo en las aguas residuales de las refinerías. **J. Photochem. Fotobiol. R: Química.** 157(2003)103-109

An, Y.-J. y Carraway, E.R.: Degradación de HAP por UV/H2O2 en soluciones surfactantes perfluoradas. **Investigación sobre el agua** 36(2002)309-314

Augugliaro, V. y Schiavello, M.: Absorción de fotones por dispersión acuosa de TiO2 contenida en un fotorreactor agitado. **AlChE J.** 37(1991)1096-1100

Becerro-Domingues, F.; Gonzales, D.F. y Hernández, M.J.: Determinación del amarillo del atardecer y la tartracina mediante polarografía de pulso diferencial. **Talanta** 37(1990)655-658

Campíns-Falcó, P.; Gallo-Martínez, L.; Sevillanò-Cabeza, A. y Bosch-Reig, F.: El método de adiciones estándar de punto H cuando el efecto de la matriz está ausente. Aplicación a la determinación de ciertas cefalosporinas y sus productos de degradación inducida por el ácido. **Anal. Lett.** 29(1996)2039-2054

Campíns-Falcó, P.; Verdú-Andrés, J. y Bosch-Reig F.: Método de adiciones estándar de punto H para la resolución de mezclas binarias con adición simultánea de ambos analitos. **Anal. Chim. Acta** 315(1995)267-278

Cruces-Blanco, C.; García, C.A.M. y Alés, B.F.: Resoluciones espectrofotométricas derivadas de mezclas de los colorantes alimentarios tartracina, amaranto y curcumina en un medio micelar. **Talanta** 43(1996)1019-1027

Dabbene, V.G.; Briñón, M.C. y Bertorello, M.M.: Ensayo espectrofotométrico UV de segunda derivación para determinar la cinética de degradación de la 3-bromo-N-bromo-(3,4-dimetil-5-isoxazolil-4-amina)-1,2-naftoquinona. **Talanta** 44(1997)159-164

De Giorgi, M.R. y Carpignano, R.: Diseño de tintes de altas propiedades técnicas para la seda mediante un enfoque quimiométrico. **Pigmentos de colorantes** 30(1996)7988

De Giorgi, M.R.; Carpiagnano, R. y Cerniani, A.: Optimización de la estructura en series de tintes dispersos de tiadiazol usando un enfoque quimiométrico. **Pigmentos de colorantes** 37(1998)187196

De Souza, K.V. y Peralta-Zamora, P.: Determinación espectrofotométrica del fenol en presencia de congéneres mediante calibración multivariante. **An. Acad. Sujetadores. Cienc.** 73(2001)519-524

Desiderio, C.; Morra, C. y Fanali, S.: Análisis cuantitativo de los colorantes sintéticos en el lápiz labial mediante cromatografía capilar electrocinética micelar. **Electroforesis** 19(1998)1478-1483

Freire, R.S.; Kunz, A. y Durán, N.: Algunos aspectos químicos y toxicológicos sobre el tratamiento de los efluentes de las fábricas de papel con ozono. **El medio ambiente. Technol.** 21(2000)717-721

Glaze, W.H.; Lay, Y. y Kang, J.: Procesos de oxidación avanzados. Un modelo cinético para la oxidación de 1-2-dibromo-3-cloropropano en el agua por la combinación de peróxido de hidrógeno y radiación UV. **Ind. Eng. Química. Res.** 34(1995)2314-2323

Liao, C. y Gurol, M.D.: Oxidación química por descomposición fotolítica del peróxido de hidrógeno. **El medio ambiente. Sci. Technol.** 29(1995)3007-3014

Lord, G.A.; Gordon, D.B.; Tetler, L.W. y Carr, C.M.: Electrocromatografía-espectrometría de masas por electroerosión de tintes textiles. **J. Chromatogr. A** 700(1995) 27-33

Malato, S.; Blanco, J.; Richter, C. y Maldonado, M. I. : Optimización de la mineralización fotocatalítica solar preindustrial de los pesticidas comerciales. Aplicación al reciclaje de envases de plaguicidas. **Appl. Catal. B: Medio ambiente.** 25(2000)31-38

Mao, H.-Z. y Smith, D.W.: Hacia el mecanismo de elucidación y la cinética de la decoloración del ozono y la decloración de los efluentes de las fábricas de pasta de papel. **Ozono Cientifico. Engendrado.** 17(1995)419-448

Marugán, J.; Hufschmidt, D.; López-Munõz, M.-J.; Selzer, V. y Bahnemann, D.: Eficiencia fotónica para la fotooxidación del metanol y la generación de radicales de hidroxilo en fotocatalizadores de TiO2 con soporte de sílice. **Appl. Catal. B: Medio ambiente.** 62(2006)201-207

Maslowska, J. y Janiak, J.: Estudios sobre la reducción electroquímica del colorante alimentario amarillo de la soledad FCF. **Deutsche-Lebenmittel-Rundschau** 86:5(1990)146-149

Miller, C.E.: El uso de técnicas quimiométricas en el método de análisis de procesos. **Quimiométrica Inteligente. Laboratorio. Sistémica.** 30(1995)11-22

Mo, S.; Na, J.; Mo, H. y Qu, X.: Estudio voltamperométrico del comportamiento del amaranto en un electrodo de película fina de mercurio. **Talanta** 39(1992)1255-1258

Ni, Y. y Bai, J.: Determinación simultánea del amaranto y del amarillo del atardecer por voltamperometría derivada de la proporción. **Talanta** 44(1997)105-109

Pappano, N.B.; De Micalizzi, Y.C.; Debattista, N.B. y Ferreti, F.H.: Determinación rápida y precisa del maleato de clorfeniramina, el clorhidrato de noscapina y la guayfenesina en mezclas binarias por espectrofotometría de derivados. **Talanta** 44(1997)633-639

Peller, J.; Wiest, O. y Kamat, P.V. : Papel de los radicales de hidroxilo en la remediación de un herbicida común, el ácido 2,4-diclorofenoxiacético (2,4-D). **J. Phys. Química. A** 108(2004)10925-10933

Peralta-Zamora, P.; Kunz, A.; Nagata, N. y Poppi, R.J.: Determinación espectrofotométrica de mezclas de colorantes orgánicos mediante la utilización de la calibración multivariante. **Talanta** 47(1998)77-84

Prasad, C.V.N.; Gautman, A.; Bharadwaj, V. y Parimmo, P.: Determinación espectrofotométrica de derivados diferenciales de la fenobarbitona y la fenitoína sódica en preparados de comprimidos combinados. **Talanta** 44(1997)917-922

Rice, R.G.: Aplicaciones del ozono para el tratamiento de aguas residuales industriales: Una revisión. **Ozono Científico. Engendrado.** 18(1997)477-515

Shigwedha, N.; Hua, Z. y Chen, J.: Inmovilizar el TiO2 permite que el H2O2 esté presente al principio y mejora la fotodegradación del amarillo ácido 36 (AY-36). **J. Chem. Eng. Japón**, 39(2006)475-480

Shiraishi, F.; Nakasako, T. y Hua Z. : Formación de peróxido de hidrógeno en reacciones fotocatalíticas. **J. Phys. Química. A** 107(2003)11072-11081

Tapley, K.N.: Análisis electroforético capilar de las reacciones de los tintes reactivos bifuncionales bajo varias condiciones, incluyendo un estudio del análisis de los tradicionalmente difíciles de analizar tintes de ftalocianina. **J. Chromatogr. A** 706(1995)555-562

Vidotti, E.C.; Cancino, J.C.; Oliveira, C.C. y Rollemberg, M.C.E.: Determinación simultánea de colorantes alimentarios por espectrofotometría de primera derivada con sorción sobre espuma de poliuretano. **Anal. Sci.** 21(2005)149-153

Wang, N.X.; Si, Z.K.; Yang, J.H.; Du, A.Q. y Li. Z.D.: Determinación simultánea de neodimio, erbio y holmio en mezclas de tierras raras con 2-feniltrifluoroacetona y éter de poli(etilenglicol) octilfenol por espectrofotometría de tercera derivada. **Talanta** 43(1996)589-593

6

USO DEL CARBONO ORGÁNICO TOTAL (TOC) PARA DESCRIBIR LOS EFECTOS COMBINADOS DE LA RESISTENCIA A LA DIFUSIÓN DE LA PELÍCULA, EL TIEMPO DE RETENCIÓN Y LA EFICIENCIA DE CONVERSIÓN EN LA PELÍCULA DELGADA DE TIO2- EN LA FOTOCATÁLISIS DE LAS AGUAS RESIDUALES TEXTILES

6.1 Introducción

En el reactor fotocatalítico de flujo anular, la reacción fotocatalítica se produce en una fina película de TiO_2 que cubre la superficie interior de un tubo de vidrio (Figura 6-1). La minúscula concentración de H_2O_2 está presente desde el principio. Existe una película de difusión en el barrio de la fotocatálisis. Los compuestos orgánicos en el fluido masivo se difunden a través de la película al fotocatalizador y luego se descomponen en la superficie del fotocatalizador excitados por la luz UV. El tratamiento de los compuestos orgánicos en las aguas residuales está influenciado por esta resistencia a la difusión de la película. Un aumento de la velocidad lineal del líquido es eficaz para eliminar simplemente la resistencia a la difusión de la película y aumentar la actividad fotocatalítica (Wang y otros, 2002, Wang y Shiraishi, 2002).

Por otra parte, cuando la tasa de flujo de recirculación es suficientemente grande en relación con la tasa de la reacción fotocatalítica y la conversión es muy pequeña para un paso del fluido reactivo a través del reactor, este reactor se comporta de manera similar al reactor discontinuo. Esto explica cómo los compuestos orgánicos son arrastrados fuera de la delgada película de TiO_2 sin descomponerse lo suficiente debido al corto tiempo de retención. Hasta la fecha, sólo hay unos pocos informes sobre las reacciones fotocatalíticas que fueron analizadas cinéticamente teniendo en cuenta la presencia de resistencia de la película difusa.

Aparte de la relación entre los CPT y el COT que se describe en el capítulo anterior (Capítulo 5), las lecturas del COT (por sí solas) son también una medida cinética muy útil que representa los efectos combinados de la resistencia a la difusión de la película, el tiempo de retención y la eficiencia de la conversión en la fotocatálisis inmovilizada del TiO2. El objetivo de este estudio era investigar a través del TOC, los efectos combinados de los parámetros fotocatalíticos, a saber, la resistencia a la difusión de la película, el tiempo de retención del reactivo en un fotocatalizador y la eficiencia de la conversión en el TiO2 inmovilizado. La minúscula concentración de H2O2 estuvo presente desde el principio como es habitual.

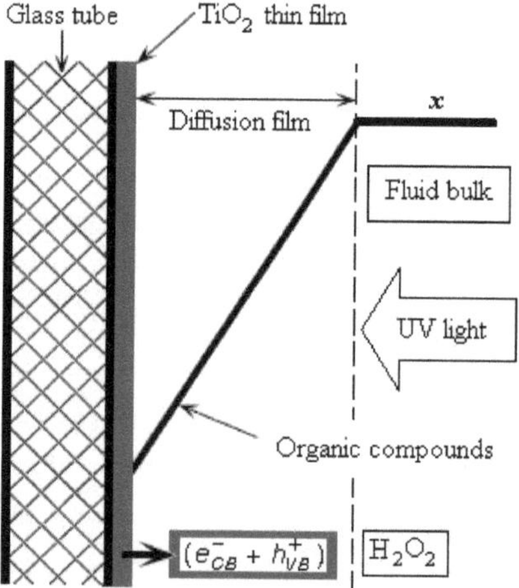

Figura 6-1: Distribución del TOC en un barrio de capa fina de TiO2 en el interior

la superficie de un tubo de vidrio; la x representa el flujo en L/min

6.2 Procedimientos experimentales

6.2.1 Análisis

Las verdaderas aguas residuales eran efluentes obtenidos de una instalación de fabricación en la provincia china de Jiangsu. Los efluentes estaban muy coloreados debido a la presencia de tintes del proceso de teñido de las fibras, que es el principal problema en el tratamiento de este efluente. Las muestras se almacenaron a 4°C para evitar su degradación por medios distintos al programado y se utilizaron sin tratamiento previo. Los siguientes son valores representativos basados en nuestros análisis {pH: 9,62; absorbancia a 575 nm: 0.785 (a.u.); COD = 300 mg/L}. En el momento de este estudio, el efluente fue centrifugado a 8000 rpm durante 15 min para ayudar a la reducción de las partículas. Las aguas residuales fueron fortificadas con Acid Blue 45, Acid Red 17, Acid Yellow 36, Acid Orange 52, y PVA-1799. Los tintes se obtuvieron de la empresa Sigma-Aldrich, y sus estructuras químicas ya se muestran en el capítulo 4 (Tabla 4-1). El principio de esta verdadera síntesis de aguas residuales era hacer aguas residuales compuestas con compuestos orgánicos fotodegradables difíciles de conocer. Tanto el PVA-1799 como una solución acuosa de H2O2 al 30% (v/v) fueron comprados a la Compañía de Reactivos Químicos de Shangai. El análisis del COT se realizó por medio del carbono orgánico total (COT), utilizando un analizador liquiTOC fabricado por Elementar-Company, Hanau.

6.2.2 El sistema de reactor fotocatalítico y su método de funcionamiento

El reactor fotocatalítico, un depósito de flujo mixto y una bomba peristáltica (BT00-600M, Lange, Tianjin) se conectaron en un bucle y se recircularon en el sistema cerrado del reactor de recirculación por lotes (Shigwedha *et al.*, 2006, 2007; Figura 2-2). Se realizaron experimentos de fotocatálisis en 400 mL de aguas residuales que contenían los conocidos colorantes ácidos, PVA-1799, y varios colorantes desconocidos para nosotros. El pH de cada tratamiento no se ajustó a ningún valor. Los tratamientos se dosificaron con 1 mL de H2O2 y se recircularon a un flujo volumétrico de 1,2 L/min en la oscuridad durante 5 min. Esta vez fue suficiente para alcanzar una adsorción equilibrada de los carbones orgánicos en la fina película de TiO2 inmovilizada dentro de un reactor. El gas O2 no fue suministrado al sistema como de costumbre. El vidrio de película delgada de TiO2 fue proporcionado por el Instituto de Tecnología de Kyushu (Japón). Las reacciones se iniciaron encendiendo la lámpara UV del reactor. La lámpara UV utilizada como fuente de luz era una lámpara germicida (GL-6) con una longitud de onda de 254 nm (6 W; GL-6, Sankyo Electric Co.., Tokio). El efecto de la temperatura también fue insignificante. Se tomaron alícuotas de 5 mL consecutivamente del depósito a intervalos de 60 min. para determinar el COT de los caudales propuestos. Los experimentos se hicieron en réplicas.

6.3 Resultados y discusión

6.3.1 Ejecuciones de control

Se llevaron a cabo dos flujos volumétricos (0,6 y 1,2 L/min) para determinar los efectos combinados de la resistencia a la difusión de la película, la eficiencia de la conversión y el tiempo de retención en el sistema UV-H2O2FS-TiO2. En la figura 6-2, se puede observar que la degradación fotocatalítica, medida como conversiones de TOC es muy significativa a 1,2 L/min, alcanzando una tasa de degradación del 83% en un tiempo de retención de 420 min. El control de 0,6 L/min muestra unos ratios de degradabilidad limitados, alcanzando sus conversiones máximas del 71% en 420 min. El hecho de que la eficiencia de la conversión fuera menor a 0,6 L/min confirma la presencia de resistencia de difusión de la película en el sistema y sugiere los mecanismos que implican directamente su impacto en el retraso de la degradación fotocatalítica de los compuestos orgánicos. La razón predominante del aumento de la aparente tasa de foto-oxidación de

El COT con un aumento en la tasa de flujo es la relación de dilución en el depósito de alimentación - la tasa de flujo volumétrico del fluido líquido que se está tratando (x) / el volumen del depósito de alimentación (V). Para ilustrar este punto, se realizó un balance de materiales alrededor del reservorio de alimentación y se obtuvo la Ec. (6.1).

Al inspeccionar la Ec. (6.1), la tasa de degradación aparente del COT debería aumentar con la tasa de flujo volumétrico si se mantienen relativamente constantes otras variables, y esto es lo que observamos como se muestra en la Figura 6-2. Esto indicaba que no se producía ningún efecto significativo de la resistencia de la difusión de la película a la tasa de flujo volumétrico de 1,2 L/min.

$$V\frac{TOC_o}{t_r} = x\,(TOC_o - TOC_R) \qquad (6.1)$$

donde x = flujo volumétrico (L min-1)

V = el volumen del depósito (400 mL)

x/V = la relación de dilución en el depósito de alimentación (min-1)

TOC_R = TOC del efluente recirculado en el tiempo de retención $_{tr}$.

TOC_O = TOC original en el depósito

TOC_R /tr = TOC por unidad de tiempo en el depósito en el tiempo de retención tr (mg/L/min)

Shiraishi y sus colaboradores informaron de que cuando la velocidad lineal en las proximidades de la superficie de la fotocatálisis es lo suficientemente grande, la resistencia de la difusión de la película se vuelve insignificante (Shiraishi *et al.*, 2006). También hay que saber que cuando la velocidad lineal en las proximidades de la superficie del fotocatalizador es suficientemente grande, la conversión de TOC en el tiempo de retención $_{tr}$ se reduce. Esto explica cómo el TOC está siendo arrastrado fuera de la fotocatálisis sin descomponerse lo suficiente. Por otra parte, en la región de modo de recirculación significativamente bajo, existe la resistencia a la difusión de la película, disminuyendo así la tasa de reacciones fotocatalíticas.

Las conversiones de COT en el sistema de recirculación por lotes se calcularon a partir de los datos experimentales utilizando la Ec. (6.2).

$$\text{Conversion efficiency} = \frac{TOC_0 - TOC_R}{TOC_0} \times 100\% \qquad (6.2).$$

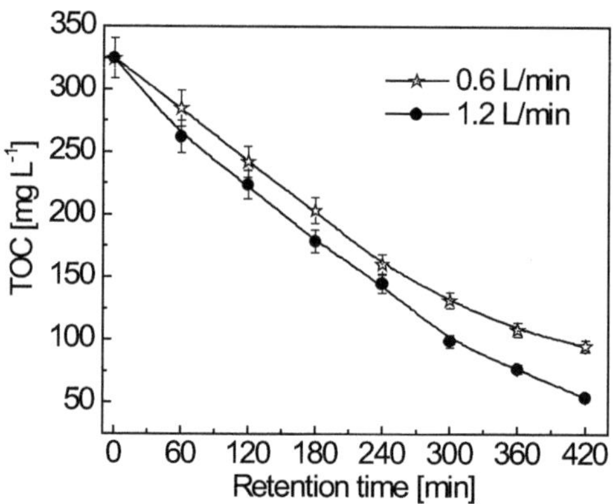

Figura 6-2: Conversiones de TOC por el sistema UV-H2O2FS-TiO2
a velocidades de flujo volumétrico de 0,6 y 1,2 L/min.

6.3.2 Evaluación de TOC, TIC y TNb

La probabilidad de supervivencia del TOC por trazas de tiempo de retención disminuye con el aumento de los tiempos de irradiación (tiempos de supervivencia) porque los carbones orgánicos se adsorben en la fina película de TiO2 y se descomponen suficientemente allí. La región sombreada representa la tendencia del COT a ambos flujos volumétricos de 0,6 y 1,2 L/min por transformación variable utilizando el Análisis de Supervivencia del Modelo de Cox (Hosmer y Lemeshow, 1999, Figura 6-3). Sin embargo, se espera que las notables conversiones de TOC disminuyan más rápido a 1,2 L/min. Como se ha observado anteriormente en la Figura 6-2, las conversiones en el modo de recirculación de 1,2 L/min. superan la conversión en el modo de recirculación de 0,6 L/min. Esto explica la existencia de la resistencia a la difusión de la película en el último modo de recirculación, disminuyendo así la velocidad de las reacciones fotocatalíticas.

Además, se espera que una concentración significativa de TNb, y TIC detectada en las muestras obstaculice la tasa de foto-oxidación del TOC. Debido a que la foto-oxidación ocurre en la superficie de la película delgada de TiO2, la presencia de TNb o TIC en las aguas residuales se adsorberá fácilmente en la película delgada de TiO2, por lo que se espera que retarde la foto-oxidación del TOC de una manera u otra a ambos flujos. Además, si consideramos que los radicales hidroxilo son específicos y selectivos, como se indica en el capítulo 5, no se espera que la importante concentración de TNb y/o TIC que se encuentra en la muestra tratada, según la figura 6-4, obstaculice la tasa de fotooxidación del COT.

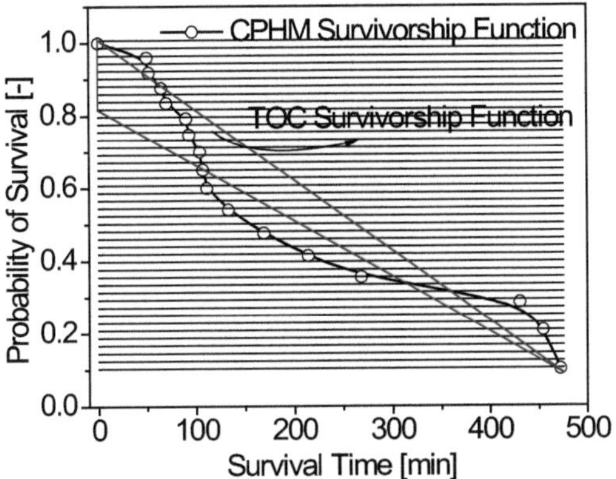

Figura 6-3: Modelo de Riesgos Proporcionales de Cox (CPHM): El modelo de regresión del tiempo para

Event Data (Referencia de la función de supervivencia del CPHM: Hosmer y Lemeshow, 1999)

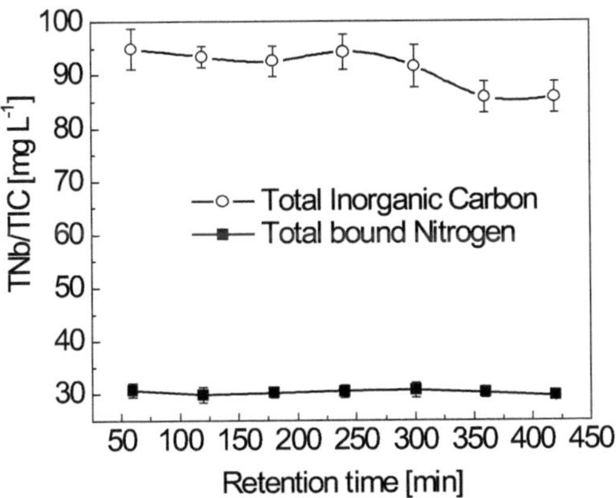

Figura 6-4: Evaluación de TIC y TNb en la degradación fotocatalítica de TOC después de un tiempo de retención de 240 min.

Dado que el 83% de la degradación del COT a los 420 minutos de tiempo de retención se realiza, el enfoque del COT parece adecuado para describir los efectos combinados de la resistencia a la difusión de la película, el tiempo de retención y la eficiencia de la conversión en un TiO2 inmovilizado durante la fotocatálisis de las aguas residuales textiles.

6.4 Referencias

Hosmer, D.W. y Lemeshow, S.: *Análisis de supervivencia aplicado: Modelado de regresión de datos de tiempo a evento*, John Wiley and Sons Inc.., Nueva York, 1999

Shigwedha, N.; Hua, Z. y Chen, J.: Una nueva medida cinética de los fotones impulsada por la consideración de la cinética de los pares electrón-hueco en la fotodegradación de las aguas residuales textiles mediante el proceso UV-H2O2FS-TiO2. **J. Environmental Sciences** 19(2007), *en prensa*

Shigwedha, N.; Hua, Z. y Chen, J.: Inmovilizar el TiO2 permite que el H2O2 esté presente al principio y mejora la fotodegradación del amarillo ácido 36 (AY-36). **J. Chem. Eng. Japón**, 39(2006)475-480

Shiraishi, F.; NaganoM. y Wang, S.: Caracterización de la reacción fotocatalítica en un sistema de reactor de recirculación de flujo continuo. **J. Chem. Technol. Biotecnología.** 81(2006)1039-1048

Wang, S. y Shiraishi, F.: Descomposición del ácido fórmico en dos tipos de reactores fotocatalíticos: efectos de la resistencia a la difusión de la película y la penetración de la luz ultravioleta en las tasas de descomposición. **Eco-Ingeniería** 14(2002)9-17

Wang, S.; Shiraishi, F. y Nakano, K.: Un efecto sinérgico de la fotocatálisis y la ozonización en la descomposición del ácido fórmico en una solución acuosa. **Química. Eng. J.** 87(2002)261-271

7

CONCLUSIONES Y SUGERENCIAS

7.1 Conclusiones

Las conclusiones de esta tesis resumen los estudios más avanzados relacionados con la cinética de la degradación fotocatalítica de las aguas residuales textiles. Se lograron tres temas separados:

(1) Desarrollo de un nuevo sistema de degradación fotocatalítica para el tratamiento de una gran cantidad de aguas residuales textiles.

(2) Desarrollo de la fisioterapia como medida cinética, complementada por otros dos (2) nuevos términos en la fotocatálisis llamados eficiencia de los fotones (PEhv) y deficiencia de fotones (PDhv).

(3) Desarrollo de un modelo cinético mediante el uso de TOC para describir los efectos combinados de la resistencia a la difusión de la película, los tiempos de retención y la eficiencia de la conversión en el TiO2 inmovilizado.

Los principales resultados se obtuvieron de la siguiente manera:

1) El proceso de inmovilización del catalizador permitió que el H2O2 estuviera presente al comienzo de la fotodegradación sin temor a la recombinación, la competencia de bandas de electrones y la destrucción del fotocatalizador inmovilizado. De hecho, el uso de H2O2FS acelera la degradación fotocatalítica de los efluentes que contienen colorante sin demora. La fotodegradación de los efluentes que contienen colorante por el proceso UV-H2O2FS-TiO2 se mejoró en un 90%. La decoloración en el mismo proceso comienza con el inicio de la exposición a los rayos UV y continúa a medida que la distribución de la luz UV continúa.

2) Se ha llevado a cabo un método enzimático, que se considera el método de mejor respuesta, que mide con precisión las formaciones cinéticas de la concentración de extra-H2O2 y la

descomposición cinética de la concentración de extra-H2O2, ambas en todos los niveles de las concentraciones de H2O2 en aguas residuales fotocatalizadas.

3) El proceso UV-H2O2FS-TiO2 no permitió ni el ajuste del pH (rango: 3-10) ni el efecto de la temperatura (rango: 4-45°C) en el rendimiento de la degradación fotocatalítica en los rangos en que se probaron estos parámetros. El pH aumenta en lugar de disminuir como ocurrió en los métodos de AOP previamente probados. Bajo el mismo proceso, el proceso de inmovilización del TiO2 en una película fina hizo que la medición de la cantidad de conversiones no fuera problemática e inofensiva. Se concluye que, en la iluminación a diferentes frecuencias UV, el

Los electrones dentro del semiconductor inmovilizado son excitados desde la banda de valencia a la banda de conducción, dando lugar a la formación de pares electrón-hueco a una velocidad constante.

4) La CPT, el tiempo de exposición a los rayos ultravioleta necesario para que se oxide el 90% de las vibraciones entre los enlaces dobles y simples a lo largo de la cadena molecular de los tintes, se tomó y se utilizó como medida de las actividades fotocatalíticas. Se llama Tiempo Fotónico Crítico o CPT. Hay que saber que los CPT varían según las frecuencias de las zonas espectrales de los rayos ultravioleta. Los modelos de CPT de desplazamiento son accesibles en esta tesis. La cinética basada en CPT(s) explica mejor las observaciones resueltas en el tiempo durante la decoloración primaria y general de los tintes orgánicos. Los TPC pueden ser calculados para la degradación fotocatalítica de cualquier colorante orgánico. Además, los cálculos de la CPT predicen la resistividad de los colorantes, predicen el efecto de las eficiencias de los fotones (PEhv) y las deficiencias de los fotones (PDhv) en las fuentes de luz ultravioleta con una precisión de al menos el 98%.

5) También se desarrolló el método de clasificación CPT, que puede utilizarse para discriminar entre los colorantes conocidos en la solución de la mezcla. Los TPC pueden ser calculados y clasificados en consecuencia desde el más pequeño al más grande. Los rangos indican el orden en que los tintes individuales de las mezclas se degradan fotocatalíticamente. El procedimiento descrito permite a cualquiera vigilar la cinética de degradación fotocatalí tica de los tintes, incluso en mezclas de diferentes concentraciones.

6) El resultado del ataque de los radicales HO- se consideró que era sistemáticamente específico y regioselectivo para los colorantes individuales de la mezcla. Para explicar el efecto de

HO-, $^{se\ dedujo}$ el orden de degradación fotocatalítica del Naranja Ácido 52 < Amarillo Ácido 36 < Rojo Ácido 17 < Azul Ácido 45 < PVA.

7) Se concluye también que las importantes concentraciones de TNb y/o TIC que se encuentran en los efluentes que contienen colorantes no obstaculizan la tasa de fotooxidación de los COT, porque la mejora de la degradación fotocatalítica de los COT en las aguas residuales textiles se debe principalmente al ataque de los radicales hidroxilo por su especificidad y selectividad. Esto último ha sido confirmado con estudios de clasificación de CPT usando aguas residuales sintéticas y textiles reales.

8) Aparte de la relación entre los TPC y la mineralización, las lecturas de reducción del COT son también una medida cinética muy instrumental que representa los efectos combinados de la resistencia a la difusión de la película, el tiempo de retención y la eficacia de la conversión cuando el fotocatalizador está inmovilizado. Basándose en los dos flujos volumétricos de control de 0,6 y 1,2 L/min, el

Las eficiencias de conversión calculadas en los tiempos de retención de 420 min se mantuvieron en 71 y 83%, respectivamente.

Aunque la insignificante capacidad de degradación de los UV-alone, UV-TiO2 y UV-H2O2FS se realiza para la reducción del COT en condiciones anaeróbicas, no deberían haber sido ignoradas sin ser exploradas más a fondo. Esto incluye las condiciones aeróbicas o la provisión de otros oxidantes o gases, particularmente en el caso del sistema UV-TiO2. No obstante, el proceso UV-H2O2FS-TiO2 desarrollado en este trabajo ha demostrado un excelente potencial tanto para aumentar la degradación fotocatalítica de los efluentes que contienen colorantes como para reducir ligeramente los costos en la práctica.

7.2 Sugerencias

Teniendo en cuenta las consideraciones de los párrafos anteriores en las conclusiones, se pueden recomendar los siguientes temas para una mayor investigación:

(1) Explorando la inmovilización de otros fotocatalizadores y oxidantes como posibles AOP.

(2) Desarrollo de otras medidas cinéticas fiables para determinar los contaminantes en la degradación fotocatalítica.

(3) Estudios sobre la especificidad y/o selectividad del ataque de los radicales hidroxilo en las mezclas de compuestos orgánicos para determinar las variaciones inter e intrapersonales.

(4) Desarrollo de tecnologías nuevas y limpias.

Unreconocimiento

Deseo extender una palabra especial de gratitud a las siguientes personas que contribuyeron mucho al éxito de este trabajo. A mis supervisores el Prof. Chen Jian y el Prof. Hua Zhaozhe, por todo el trabajo duro que pusieron en este proyecto; su paciencia, su estímulo y sus útiles y notables ideas brillantes. Agradezco especialmente al Prof. Du Guocheng por su orientación y por organizar los seminarios de una manera que me resultó muy útil para escribir esta tesis. Apoyo del Prof. Fumihide Shiraishi en el Departamento de Diseño de Bio-Sistemas, Centro de Bio-Arquitectura, Universidad de Kyushu (Japón) por su amable ayuda con los materiales de inmovilización y las lámparas UV también son reconocidos. Muchas gracias a Liang Zhou, Richard Hirsh y Li Jia por el análisis técnico. Mis compañeros de laboratorio, Weipo Yang y Yaxian Bao, siempre estuvieron ahí para guiarme cuando los necesité. A Paul Endjala que participó indirectamente en este estudio por su solidaridad.

Agradecimiento especial a la Jefa de Asuntos Académicos de Estudiantes Extranjeros, Sra. Qin Yan, por sus valiosos comentarios, y al Embajador, Excmo. Sr. Hopelong Ipinge, de la Embajada de la República de Namibia en Brasil para el apoyo moral.

Por último, pero no menos importante, al Sr. Abner Shigwedha (padre), la Sra. Esther Shigwedha (madre), Pendapala Shigwedha (hermano), Kaarina E. Shigwedha (hermana), Ilamo J. Shigwedha (hermano) y Ndasilwohenda Shigwedha (última hermana nacida) por su AMOR y apoyo que ha sido el factor motivador más importante de mi vida. Mi eterno AMOR y respeto, para siempre.

"Con Dios todopoderoso, todas las cosas son posibles."

LISTA DE PUBLICACIONES

PAPELES COMPLETOS

(1) Shigwedha, N.; Hua, Z. y Chen, J.: Inmovilizar el TiO_2 permite que el H_2O_2 esté presente al principio y mejora la fotodegradación del amarillo ácido 36 (AY-36). J. Chem. Eng. Japón. 39(2006)475-480.

(2) Shigwedha, N.; Hua, Z. y Chen, J.: Una nueva medida cinética de los fotones impulsada por la consideración de la cinética de los pares electrón-hueco en la fotodegradación de las aguas residuales textiles mediante el proceso $UV-H_2O_2FS-TiO_2$. J. Environmental Sciences, 2007, en la prensa.

(3) Shigwedha, N.; Hua, Z. y Chen, J.: Tiempo fotónico crítico (CPT): una nueva teoría de proceso primario sobre la decoloración de los tintes textiles por $UV-H_2O_2FS-TiO_2$. J. Chem. Eng. Japón. en la prensa.

(4) Shigwedha, N.; Hua, Z. y Chen, J.: El orden de la degradación fotocatalítica clasificado por tiempos fotónicos críticos (CPT) indica la composición de las mezclas de colorantes orgánicos:

selectividad de los radicales de hidroxilo. J. Environ. Cientifico. Cura. Parte A, 2006, en la prensa.

(5) Shigwedha, N.; Hua, Z. y Chen, J.: *Un enfoque cinético de la decoloración fotocatalítica de los tintes ácidos*. El progreso de las tecnologías verdes de oxidación/reducción. AP-AWTGORT2006, Dalian China2006, págs. 65 a 70.

OTROS DOCUMENTOS

(1) Shigwedha, N.; Zhao, J. y Zhang, H.: Aislamiento de cepas de *Bifidobacterium resistentes* a los ácidos del estómago humano y a altas concentraciones de sales biliares. Actas del $5°$ ICFST, Vol.1, 2003, pp 12-16.

(2) Shigwedha, N.; Yang, Y.; Zhang, H. y Jia, L.: Detección de cepas de *Bifidobacterium* con resistencia a los ácidos y a las sales biliares. Universidad de Industria Ligera J. Wuxi 23(2004)69-73.

CARTELES Y RESÚMENES

(1) Shigwedha, N. y Zhang, H.: Caracterización morfológica de las cepas de *Bifidobacterium aisladas* de heces de niños y productos farmacéuticos. El $5°$ ICFST, Wuxi, República Popular China, 22 a 24 de octubre de 2003. (póster y resumen)

(2) Shigwedha, N. y Zhang, H.: Aislamiento de cepas de *Bifidobacterium resistentes* a los ácidos del estómago humano y a altas concentraciones de sales biliares. El $5°$ Libro de Resúmenes de la ICFST, Wuxi, China, 22-24 de octubre de 2003. (resumen)

TINTES EN LA INDUSTRIA TEXTIL

Los tintes textiles suelen clasificarse según la aplicación y se describirán en consecuencia en esta sección; sin embargo, como el cromóforo azoico es el cromóforo más importante representado en todas las clases de aplicación de los tintes textiles, también se describirá brevemente el grupo clasificado químicamente de los tintes azoicos.

Tintes azoicos (Gregory, P.: Clasificación de los tintes por su estructura química. En Waring, D.R. , y Hallas, G.(Eds) La química y la aplicación de los tintes. Plenum Press, Nueva York, 1990)

Estos tintes son la clase más importante, representando más del 50% de todos los tintes comerciales. Los colorantes azoicos contienen al menos un grupo azoico (-N=N-) (monoazo) pero pueden contener dos (disazo), tres (trisazo), o más raramente, cuatro grupos azoicos (poliazo). El grupo azoico está unido a dos radicales de los cuales al menos uno, pero generalmente ambos, son aromáticos.

$$X{-}N{=}N{-}Y$$

En los colorantes monoazo, que son el grupo más importante, el radical X contiene grupos aceptantes de electrones y el radical Y *contiene grupos donantes de electrones*, en particular grupos hidroxilo y amino. Si los azocolorantes contienen sólo radicales aromáticos, se conocen como azocolorantes carbocíclicos u homocíclicos. Si contienen uno o más radicales heterocíclicos, se conocen como azocolorantes heterocíclicos.

Clasificación de los tintes según su aplicación

Tintes ácidos (Burkinshaw, 1990)

La mayoría de estos colorantes son solubles en agua, y su solubilidad es conferida por la presencia de grupos de ácido sulfónico en el colorante, generalmente en forma de sal de sodio (-SO3Na). Los tintes son insolubles en ácido, por lo que se utilizan condiciones ácidas para el teñido para lograr un buen agotamiento en el teñido de la lana y el nylon. Generalmente, cuanto menor sea la afinidad natural de los tintes por las fibras, más ácidas serán las condiciones de teñido y viceversa. Los productos químicos de proceso (auxiliares de teñido) que se asocian con el teñido con ácido son el ácido sulfúrico, el ácido acético, el sulfato de sodio y los surfactantes.

Hay nueve clases químicas del colorante ácido no metalizado, de las cuales tres son las más importantes:

(1) *Azo*. Esta clase constituye, con mucho, el número más significativo de tintes ácidos e incluye la mayoría de los tonos rojos, amarillos, naranjas, marrones y negros. Los tintes van desde los relativamente sencillos tintes de monoazo que generalmente poseen una baja afinidad por la lana y el nylon, hasta los tintes de mayor peso molecular a los que la presencia de cadenas alquílicas les confiere una alta afinidad.

(2) *Antraquinoide*. Estos tintes ácidos proporcionan una gama de azules, violetas y verdes brillantes, y tienen buenas propiedades de solidez en las fibras de lana y nylon.

(3) Trifenilmetano. Estos tintes proporcionan brillantes violetas, azules y verdes de relativa baja solidez en la lana y el nylon.

Tintes azoicos (Burkinshaw, 1990)

Una materia colorante azoica es un compuesto azoico insoluble en agua que se produce *in situ* en las fibras textiles por la interacción de un componente diazo con un componente de acoplamiento. Los azoicos se utilizan principalmente para teñir fibras celulósicas sobre las que proporcionan una amplia gama de colores brillantes, excluyendo los verdes y los azules brillantes. Las marinas y los negros también pueden lograrse con el teñido azoico. Los productos químicos auxiliares asociados con el teñido azoico son las sales metálicas, el formaldehído, el hidróxido de sodio, el nitrato de sodio y los ácidos.

Tintes básicos (Burkinshaw, 1990)

Son compuestos de amino y amino sustituidos que son solubles en ácido y se vuelven insolubles cuando se añade el álcali. Se utilizan para teñir acrílicos o pueden utilizarse con un tinte mordiente para teñir lana y algodón. Los productos químicos auxiliares asociados con el teñido básico son el ácido acético y los agentes suavizantes.

Tintes directos (Burkinshaw, 1990)

Los tintes directos pueden teñir el algodón y el rayón de viscosa directamente de un baño de tinte neutro que contiene cloruro de sodio, lo que disminuye la solubilidad de los tintes. Los tintes directos son relativamente baratos y proporcionan una amplia gama de matices. Sin embargo, se caracterizan por su escasa solidez, especialmente en lo que respecta al lavado, propiedad que puede mejorarse después de los tratamientos. Los productos químicos auxiliares asociados con la tintura directa son: sales de sodio, agentes fijadores
y sales metálicas (cobre o cromatos). Los tintes de fibra reactiva han reemplazado en gran medida a los tintes directos para el teñido del algodón. Los colorantes directos pertenecen a varias clases químicas; las siguientes son las más importantes:
(1) *Azo.* La mayoría de los tintes directos son de los tipos disazo, trisazo y poliazo.
(2) *Ftalocianina.* Estos tintes azules y turquesas brillantes poseen una alta resistencia a la luz pero una baja resistencia a los tratamientos húmedos en el algodón.

(3) *Stilbene.* Se trata de un grupo relativamente pequeño pero importante de tintes principalmente rojos, amarillos y naranjas.

Tintes dispersos (Burkinshaw, 1990)

Un colorante disperso se define como un colorante sustancialmente insoluble en agua que tiene sustantividad para una o más fibras hidrofóbicas, por ejemplo, acetato de celulosa, y que se aplica generalmente a partir de la dispersión acuosa fina. Además de las fibras de acetato, los tintes se utilizan en las fibras de poliéster, poliamida y acrílico. Los productos químicos auxiliares asociados con la tintura dispersa son el portador, el hidróxido de sodio y el hidrosulfito de sodio. Los colorantes dispersos pertenecen a los grupos azo, antraquinona, nitrodifenilamina y estiril.

Tintes de fibra reactiva (Godefroy, S.: La estructura y la reactividad de los tintes reactivos. Dentro: Anexo 2 del informe del comité directivo de la Comisión de Investigación del Agua, Proyecto n° 456, El tratamiento regional de los efluentes textiles e industriales, 7 de junio de 1993)

Los tintes reactivos son componentes coloreados capaces de formar un enlace covalente entre la molécula de tinte y la fibra. Se han desarrollado tintes reactivos para fibras para la lana y la poliamida, pero el mayor éxito en este campo ha sido la aplicación al algodón y a las mezclas de algodón. Los productos químicos auxiliares asociados con el teñido reactivo son el cloruro de sodio, el hidróxido de sodio y la etilendiamina. La estructura de un colorante de fibra reactiva se divide esencialmente en dos partes, el cromógeno y el sistema reactivo. Es conveniente considerarlos por separado, ya que muchos cromógenos son comunes a varias gamas de colorantes y sólo los sistemas reactivos difieren. El sistema reactivo es el componente del tinte que reacciona con la fibra.

Los sistemas reactivos se pueden dividir en

(1) *Sistemas reactivos heterocíclicos.* Todas estas estructuras anulares heterocíclicas contienen átomos de nitrógeno y suelen basarse en las estructuras anulares de s-triazina, pirimidina y pirimazona.

El sustituto desplazable más comúnmente utilizado es el cloro, pero se han obtenido buenos resultados con el flúor, las aminas cuaternarias y los grupos de metilsulfonilo. Estos sistemas reactivos reaccionan con grupos hidroxilos ionizados en el sustrato de celulosa mediante un mecanismo de sustitución nucleófila. Se requieren condiciones alcalinas para la ionización de la fibra y, por lo tanto, los iones de hidroxilo están presentes y compiten con la celulosa ionizada como reactivo nucleófilo. Esto da lugar a tintes hidrolizados que ya no pueden reaccionar con la fibra de celulosa y explica los bajos niveles de agotamiento alcanzados con algunos tintes reactivos.

2) *Sistemas reactivos basados en la adición de nucleófilos.* Estos sistemas reactivos interactúan con la fibra de celulosa usando un mecanismo de adición nucleófila.

Los cromóforos utilizados para los tintes reactivos son los siguientes:

(1) *Azo. Éstos* pueden dividirse en aquellos tintes que tienen radicales aromáticos basados en estructuras de anillos de benceno y naftalina para dar matices amarillos, rojos, azules y verdes, y aquellos tintes azoicos en los que los radicales contienen compuestos heterocíclicos. Cuando los agentes de acoplamiento heterocíclico son índoles, pirazolonas y piridonas, se consiguen tonos amarillos a naranjas, y cuando se utilizan compuestos diazo heterocíclicos con azufre o azufre y nitrógeno, se obtienen intensos tonos de azul a verde.

(2) *Antraquinona.* Estos tintes dan colores brillantes con buena solidez y se usan para tonos fuertes de azul a verde.

(3) *Ftalocianina.* Se utilizan para la producción de tintes turquesas que no pueden prepararse a partir de tintes azoicos o antraquinónicos.

Tintes mordientes (Burkinshaw, 1990)

El término colorante mordiente se refiere a un colorante que se aplica a la fibra en conjunción con un mordiente metálico (a menudo cromo). Característicamente, los colorantes mordientes contienen grupos (por ejemplo, -OH, -COOH) que son capaces de formar un complejo de coordinación estable con un ión de cromo dentro de la fibra. La formación de este gran complejo de peso molecular resulta en un aumento a menudo dramático de la rapidez del teñido a la luz y los tratamientos húmedos. Los tintes mordientes dan tonos rápidos, llenos, pero generalmente opacos en las fibras de lana y nylon. Los productos químicos auxiliares asociados con el teñido con mordiente son el cromo y otras sales metálicas, el ácido acético y el sulfato de sodio.

Los siguientes cromóforos están asociados con los tintes mordientes:

(1) *Azo*. Este grupo, que consiste principalmente en tintes de monoazo, comprende la mayoría de los tintes mordientes y, salvo los verdes, azules y violetas brillantes, proporciona una amplia gama de tonos en la lana y el nylon. Se caracterizan por una gran resistencia a la luz y a los tratamientos húmedos.

(2) *Antraquinona*. Proporciona principalmente azules, rojos y marrones.

(3) Trifenilmetano. Proporciona principalmente violetas y azules brillantes y se caracterizan por una solidez moderada a la lana y el nylon ligeros.

(4) *Xanteno*. Este grupo contribuye con un número muy pequeño de tintes brillantes, sobre todo rojos.

Tintes de azufre (Burkinshaw, 1990)

Los tintes de azufre se utilizan para el teñido de fibras celulósicas en tonos medios a profundos de marrón, negro, oliva, azul, verde, granate y caqui generalmente apagados. Estos colorantes son químicamente complejos y en su mayoría de estructura desconocida, la mayoría de los cuales se preparan mediante la tionización de diversos intermediarios aromáticos. Los productos químicos auxiliares asociados con la tintura de azufre son el sulfuro de sodio y otras sales, y el ácido acético.

Tintes de tina (Burkinshaw, 1990)

Se trata de colorantes insolubles en agua que contienen al menos dos grupos carbonilos conjugados que permiten convertir el colorante, utilizando la reducción en condiciones alcalinas, en el correspondiente *compuesto leuco* ionizado soluble en agua. Es en esta forma que el tinte es absorbido por el sustrato. La posterior oxidación del compuesto leuco *in situ* regenera el tinte de tina insoluble padre dentro de la fibra. El material teñido se enjabona para desarrollar el tono exacto y las propiedades de solidez óptimas del teñido. El uso principal de los tintes de tina es el teñido de fibras celulósicas sobre las que proporcionan una amplia gama de matices que generalmente son de una solidez total excepcional. Los productos químicos auxiliares asociados con el teñido en cuba son el hidróxido de sodio, el hidrosulfito de sodio y otras sales, y los surfactantes. Las clases químicas de los colorantes de tina pueden dividirse en índigoide y tioindigoide, y antraquinona, que es la clase más grande e importante de colorantes de tina.

Buy your books fast and straightforward online - at one of world's fastest growing online book stores! Environmentally sound due to Print-on-Demand technologies.

Buy your books online at
www.morebooks.shop

¡Compre sus libros rápido y directo en internet, en una de las librerías en línea con mayor crecimiento en el mundo! Producción que protege el medio ambiente a través de las tecnologías de impresión bajo demanda.

Compre sus libros online en
www.morebooks.shop

KS OmniScriptum Publishing
Brivibas gatve 197
LV-1039 Riga, Latvia
Telefax: +371 686 204 55

info@omniscriptum.com
www.omniscriptum.com

Printed by Books on Demand GmbH, Norderstedt / Germany